好想法　相信知識的力量
the power of knowledge

寶鼎出版

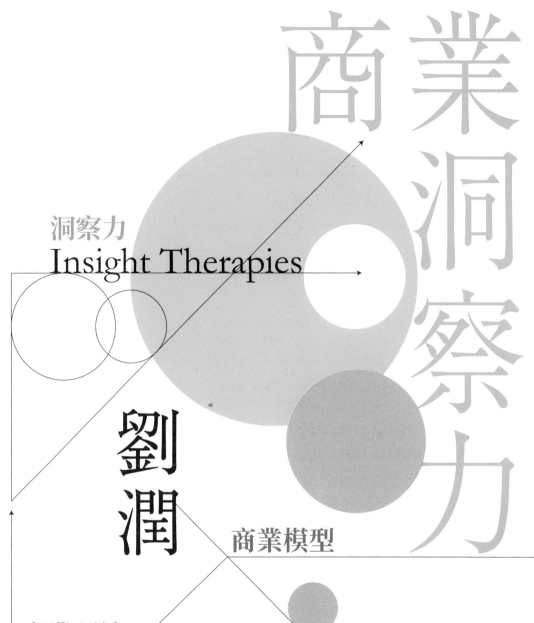

洞察力
Insight Therapies

商業洞察力

劉潤

商業模型

商業理論

看透
表象

01
Chapter

第一章

建立模型

Contents
目錄

訓練場一：解決難題

Contents
目錄

訓練場三：預測未來

Contents
目錄

推薦序

洞察，就是看到問題的本質

Mr. Market 市場先生／財經作家

以前曾聽過一個有趣的故事，一位記者採訪，詢問某位老闆他創業成功致富的祕訣？原本大家以為老闆會說一些人生道理或者商業哲學，沒想到他這樣說：

「首先要成功第一次，銷售一個產品服務並賺到錢。」

「然後，把這個成功，重複複製幾百次、上千、上萬次。」

「我的祕訣就是這樣。」

當下記者聽完先是一愣，但仔細想想，商業的本質的確就是如此。

讓一些事情一再重複執行、讓某些結果持續發生，這就是「系統」。

優秀的企業家搭建良好的系統，而有問題的系統則導致各種問題發生。

如果進一步問：將銷售重複千次萬次，就能成功嗎？

雖然答案是肯定的，但這時我們會發現，真正困難的不是認識這個道理，而是讓這個道理最終可以被落實執行，過程中必定充滿各種困難與挑戰。

所謂洞察能力，就是在建構系統過程中，能瞭解系統本質及解構系統，找到關鍵影響因素，並對系統進行調整、改善、預判的能力。

如何解決複雜系統的問題？

現實中，系統是複雜的，此外我們大多數人除了資訊不充分，也不善於預測未來。

某項決策能帶來好處的同時，往往也會帶來另一些壞處。而無論好處壞處，都會隨著系統的運作，逐漸被增強放大。

困難在於，能影響系統的因素很多，我們很難憑著有限的經驗去辨識出真正重要的因子是什麼。

此外，也有許多事情並不會立竿見影產生成果，但又影響巨大。

在這樣的複雜性之下，我們如何做出更好的決策，以及把握住其中的本質與關鍵？

對此，作者除了提出基本的系統分析架構，也提出一系列的「模組」，學習這些經驗模組，就像是下棋學習棋譜，或者做菜先學食譜一樣，我們即使不善於分析複雜系統，也可以很快地提取過往系統運作的經驗，找到成長動能的關鍵、辨識可能的阻礙，提前判斷某個系統架構未來可能導致的運作結果，也預先瞭解可能的陷阱以及解決方向。

本書就像是一本針對商業經營的系統論，透過圖像化的解說，教你拆解、辨識其中的各種機制與架構。每個企業組織其實仍是不同的，不一定能有完全一樣的系統可以套用，但最終你也許可以藉由這樣的分析流程，讓自己對商業的洞察能力更進一步。

推薦序

建立模型，直面商業本質，解構商業問題

游舒帆 Gipi ／商業思維學院院長

每次在閱讀劉潤的著作時總是激賞於他可以將一些複雜的概念講得很有趣，這本《商業洞察力》我認為很適合給每位對商業感興趣、對解構問題感興趣的朋友。

劉潤說：「洞察力可以幫助我們一眼看到事物的本質。」

這是多少人夢寐以求的能力，畢竟在多變的環境下，我們每天都要面對過載的資訊與假新聞，如果缺乏足夠的判斷能力與洞察力，就很容易做出高風險的決策，讓企業落入困境當中。

所謂的看透本質，指的是你得理解事物運作的基本原理，商業的本質是創造價值，而企業創造價值的方法則是透過提供的商品或服務來滿足顧客需求，並從中獲取合理的報酬。從這個角度來思考，你會發現所謂的創造價值是雙向的，企業交付產品或服務，為顧客創造了價值；顧客

支付費用，則對企業創造了價值。

當我們理解了本質，那就可以進一步思考，哪些事情會影響本質。

以商業來說，相信大家對商業模式畫布圖（Business Model Canvas）應該不陌生。這個畫布圖將商業的本質拆解成九個部分，當你能清楚地描述這九個區塊以及彼此之間的交互關聯時，你就能清楚地解釋一家企業的商業模式。

商業本身是個巨大的系統，影響這個系統的要素很多，也因為要素多，一般人難以很快的產生洞察，而商業模式畫布圖的出現，讓企業經營者可以很快的聚焦到九個面向來描繪自己的商業模式。

商業模式畫布圖為我們建立了一種模型，所謂的模型則是用來陳述事物運作的規則，當規則能被清楚的定義時，我們將能更輕易地產生洞察，看見事物的本質。

在《商業洞察力》這本書當中，劉潤提出一個發人省思的模型，這模型是透過「變量（要素）、因果鏈、增強迴路、調節迴路和遲滯效應」等五個要素的組合來解釋很多複雜問題，包含一個國家的衰敗、社會制度的失靈、企業的成敗等等，劉潤在書中舉了很多精彩的案例，值得大家細細品嘗。

推薦序

洞察世界的規律

盧希鵬／臺灣科技大學資訊管理系教授

在隨經濟*的第四定理中，我們強調這個世界是活的。就跟游泳一樣，會游的人很省力，不會游的人即使身體強壯，也游得很累。因為，水是有水性的，這個世界也是有規律的，上帝創造萬物，生命依照所定下的規律自然成長，世界因此生生不息。

洞察，幫助我們看見游泳的水性，看見這個世界的規律。劉潤這本書，認為這個規律包含了變量、因果鏈、增強迴路、調節迴路、跟遲滯效應。

首先是變量。這本書提到一句話我很喜歡，就是「不抽象，就無法深入思考；不還原，就看不到本來面目」。抽象就是能夠在這個世界上，找到最小知識點。舉例來說，價格的決定因素可能有數百種，但是有人說：我只要掌握

---

* 由筆者提出的名詞，是指在隨處科技（Ubiquitous Technology）下，因網際網路、大數據及人工智慧的驅動，形塑出隨時（anytime）、隨地（anywhere）、隨緣（anyone）、隨終端（any device）、隨支付（any payment）、隨通路（any channel）六種模式，打造「消費者全方位消費體驗」的全新商業世界。

供給跟需求兩個變量，就能夠決定價格。也有人說：我只要掌握到消費者的認知價值，就能夠決定價格。後來有人接著說：只要掌握到競爭者的價格，就能夠決定我的價格。這些解釋現象的最小知識點，就叫做變量，也就是思想的維度（思維）。

接下來就開始談到變量與變量之間的關係。

第一個叫做因果鏈，像是工作是因，快樂是果；還是快樂是因，工作是果。因果關係的順序，決定了洞察能力的基礎。

第二是增強迴路，獲得重大成就的企業的共同特點，就是階段性的非線性成長，懂得利用網路規律，放大努力的結果。像是價格愈低，需求就愈大；成本就愈低，價格就可以更低。所以到底是成本低導致價格低，還是價格低導致成本低，增強迴路通常會讓我們洞察出因果鏈的順序，並且隨著時間孕育，產生指數型成長。

第三個是調節迴路。具有韌性的活物，都有兩條迴路，就像人類的交感神經與副交感神經一樣，一個在增強，一個在調節。增強迴路會讓人們有著興奮樂觀的想法，但是所有的增強迴路一定會遇到阻礙與天花板，所以必須要設計感知與自我調節的機制。像是價格愈低就會遇到價

格競爭而無利可圖，利潤愈高就會遇到更多的新進入者而把產業給做爛。所以企業必須要同步思考風險的維度，並設計出自我偵測、自我調節、自我修復、以及自我演化的機制。

第四個是遲滯效應。管理學中有一個社會交換理論，就是你所付出的因，跟得到的果之間，有個時間差，這個時間差就叫做遲滯效應。因為這個時間差讓企業會產生長鞭效應，甚至找不到真正的原因是什麼？當然時間差所產生的複利現象，也會讓企業高速成長。

整本書的內容就圍繞在這四個關係，來建立不同的商業模型，包含了組織的模型、預測未來的模型，以及告訴我們如何培養訓練洞察力的終生習慣。

我向來喜歡劉潤的書，在他的《5分鐘商學院》的書中，談到了許多他對這個世界的洞察，現在終於瞭解為什麼劉潤總是可以提出與眾不同的見解，關鍵在於他的思維與洞察能力。我常常想大學不應該教太多的知識，因為所有的知識在網路上都找得到。我們應該多練習一些思維洞察力，這本《商業洞察力》絕對是啟發你思維能力的開始，極力推薦。

導論

系統：我們說洞察力時，
到底在說什麼

　　我們內心深處，相信「人」的無窮力量。處境艱難時，我們期盼施以援手的可靠夥伴；遇到困難時，我們期待力挽狂瀾的卓越領導；遇到災難時，我們渴望無所不能的超級英雄。我們相信：只要人對了，就什麼都對了。某互聯網公司創始人甚至說過：一切不行，都是人的不行。但是，真的是這樣嗎？

　　1971年，美國心理學家菲利普・津巴多（Philip Zimbardo）做了一個著名的實驗——一個今天已經不被允許，也不可能重做的實驗——史丹佛監獄實驗（Stanford Prison Experiment）。津巴多徵集並篩選出24名生理、心

理都很健康的志願者，把他們隨機分為兩組，一組扮演囚犯，一組扮演獄卒。這些人在史丹佛大學心理學系的地下室，模擬真實的「監獄生活*」。

第一天，一切平靜。「囚犯們」感覺良好，覺得這是種少有的體驗；「獄卒們」也感覺良好，覺得自己一定是通情達理的獄卒。他們都覺得自己是不一樣的人。

但第二天，局面就開始失控了。「囚犯」因為有些受不了監獄的環境，發起了一場小小的「暴動」：他們不僅撕掉了囚服上的編號，拒絕服從命令，還取笑「獄卒」。「獄卒」覺得是可忍孰不可忍，為了控制局面而「鎮壓」了這場暴動，還對「囚犯」進行懲罰：強迫「囚犯」做伏地挺身，脫光他們的衣服，拿走他們的東西，並讓他們空手洗馬桶。

第三天、第四天、第五天，場面幾乎完全失控，「獄卒」無理由地虐待「囚犯」，有些「囚犯」失聲痛哭，並表現出了心理疾病的症狀。

第六天，實驗被終止。

---

*資料來源：https://www.prisonexp.org.

　　這個實驗震驚了整個心理學界。明明都是經過篩選的生理、心理都很健康的人，但只要隨機將其放在獄卒的位置上，不管他們具體受過什麼教育、有什麼信仰，都會虐待囚犯。這些人是誰似乎並不重要，因為有一股看不見的、遠大於這些人的力量牢牢握住了他們的雙手，左右他們的行為。

　　這種遠大於人的力量，就是系統──這是我在這本書中要重點探討的一個概念。

　　系統，是一組相互連接的要素。要素和連接關係是理解系統的兩個關鍵點。

　　比如，在史丹佛監獄實驗中，24名志願者就是要素，而「獄卒」和「囚犯」就是他們之間的連接關係。這個實驗告訴我們，要素其實無法完全決定自己的行為，要素和連接關係放在一起構成的整個系統才決定了個體要素的全部行為。

　　我們很容易看到眼前的要素，但常常忽略它們之間的連接關係。那麼，如何才能看清連接關係呢？

　　這就需要我們戴上「洞察力」這副眼鏡。**所謂洞察力，**

就是透過表象，看清「系統」這個黑盒子中「要素」以及它們之間「連接關係」的能力。洞察力可以幫我們一眼看到事物的本質。（見圖1）

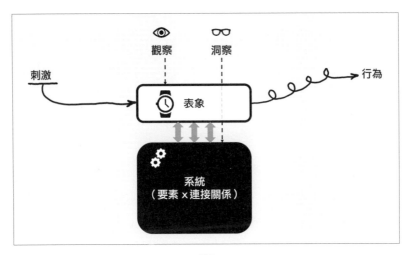

圖1

獲得「麥克阿瑟獎」的系統動力學家唐內拉‧梅多斯（Donella Meadows）在成名作《成長的極限》（*The Limits to Growth*）裡說：「真正深刻且不同尋常的洞察力，來自觀察『系統』如何決定自己的行為。」

普通的人會觀察，優秀的人能洞察。普通的人觀察一支手錶，優秀的人洞察手錶中幾百個零件之間的連接關係；

普通的人觀察一次合作，優秀的人洞察合作協議背後利益分配、風險轉嫁的連接關係；普通的人觀察一支團隊，優秀的人洞察團隊裡責權利錯綜複雜的連接關係。

所有你無法解決的問題，都是因為你看不透。因為要真正解決問題，通常不是改變要素，而是改變它們之間的連接關係。洞察力眼鏡可以幫你找出連接關係，然後改變它。

舉個例子。你在某濱海觀光城市的一家海鮮餐廳吃飯，看見魚缸裡有一條從沒見過的魚，於是隨口問：「老闆，這是什麼魚啊？」這時老闆一把撈出這條魚，將牠摔死，說：「這是××魚，300塊*一斤，一共20多斤，6000多塊。」

這樣的場景，你是不是很熟悉？很多人要麼在旅途中遇到過，要麼在新聞媒體上讀到過。

為什麼這種「宰肥羊」的現象在觀光城市屢禁不止呢？

答案是，對大部分人來說，這輩子可能只會去這座濱海

---

*人民幣，本書後續內容如未特別標示，皆以人民幣為計價單位。

城市旅遊一兩次，而到同一家海鮮餐廳吃飯的機率幾乎為零。對這家海鮮餐廳來說，幾乎每個進店的客人都只會來這一次。那麼，對某些海鮮餐廳老闆來說，他的最佳策略自然是盡可能地「宰」每一個客人。如果換你當老闆，也未必能好到哪裡去。「宰肥羊」的行為不是由餐廳老闆這個要素是不是黑心決定的，而是由顧客和老闆之間單次博弈的連接關係決定的。

因此，要想真正解決這個問題，不要期望改變要素，比如教育餐廳老闆「你要善良」，而要改變連接關係。比如，我們現在去一家餐廳吃飯前，通常都會先用「大眾點評*」判斷它是不是可靠。線上累積的評價形成了口碑，實現了餐廳老闆與顧客重複博弈的「連接關係」。如果你看到這家海鮮餐廳惡評如潮，自然就不會去了。而海鮮餐廳老闆發現自己的宰客行為對生意造成了惡劣影響，自然也會有所改變。

國外也有類似的例子。

＊中國最大的生活消費指南網站之一，主要針對餐飲娛樂提供第三方評論及相關訊息分享。

　　《超級符號就是超級創意》一書中提到過麥當勞的案例：顧客反映，麥當勞在高速公路上的加盟店，食品和服務都很差。這是因為店長的能力這一要素比較差嗎？不是。這是因為高速公路上的顧客都是過路客，他們和高速公路上的這家麥當勞加盟店也是單次博弈的連接關係。服務得不好，對加盟店的收入幾乎沒影響。但這種現象會傷害麥當勞的品牌，因為品牌跟顧客之間是重複博弈的連接關係，顧客如果對這家麥當勞分店的服務不滿意，他可能也不會去其他麥當勞分店了。

　　為了解決這一問題，麥當勞決定改變連接關係—把高速公路加盟店收回，改為直營。這樣一來，不僅將顧客與加盟店的單次博弈連接關係變成了顧客與品牌之間重複博弈的連接關係，還將麥當勞和店長們的關係變成了長期僱傭的重複博弈連接關係—如果某個月這家店的服務品質沒有達到指標，店長的薪水就會受到影響。高速公路上的麥當勞分店的服務水準因此大幅提升。

　　再舉個例子。大多數人都聽說過和尚分粥的故事。兩個和尚分粥，負責分粥的和尚想給自己多分一些，另一個當然不會答應。

　　如何解決這個問題呢？透過改變要素，教育他們「出家人，要以少吃一點為懷」是不可行的，因為出家人也不想挨餓。根本方法還是要改變連接關係：讓一個和尚分粥，另一個和尚選粥。選粥的和尚，當然會挑多的那碗。這樣，為了不吃虧，分粥和尚只能把兩碗粥分得盡量一樣多。通過改變連接關係，而不是要素，兩個和尚獲得了他們都認可的公平。

　　回到開頭的問題，真的是「一切不行，都是人的不行」嗎？人作為要素當然很重要，但是人從來無法單獨決定「行不行」。是人這個要素和它周圍比人更強大的連接關係，共同決定著「行與不行」。要素與連接關係，共同構成了系統的結構模組。

　　所以真正有洞察力的人喜歡說：系統結構模組不對，什麼都不對。

所有的系統，抽象來看，就是「變量（要素）、因果鏈、增強迴路、調節迴路和遲滯效應」這五個結構模組的變換組合。

Chapter

1

建立模型

一、結構模組：
什麼導致了大不列顛的強盛

現實世界中的系統──商業系統、組織系統、軟體系統、生態系統等，變化萬千，錯綜複雜。但是，如果砍掉一切細枝末節，去掉所有干擾選項，抽象來看，任何複雜的系統都建立於其固有的簡單性之上。

也就是說，**在所有的系統抽象中，除了要素，就是要素之間的四種連接關係：因果鏈、增強迴路、調節迴路和遲滯效應。**而要素在這四種連接關係的作用下會持續變化，它也就被賦予了一個新名字──變量（variable）。

（1）變量（要素）

（2）因果鏈（連接關係）

（3）增強迴路（連接關係）

（4）調節迴路（連接關係）

（5）遲滯效應（連接關係）

就是這五個簡單的、像樂高積木一樣的結構模組，搭建了一切你見到的複雜系統。

在理解這五個結構模組之前，我們先來看看系統動力學家丹尼斯・舍伍德（Dennis Sherwood）在他的暢銷書《系統思考》（*Seeing the Forest for the Trees*）中講述的一個故事。

18世紀中葉，有一個歐洲小國，土地肥沃，城市熱鬧，國富民強。女王想採取一些措施，讓經濟繁榮起來，立一世之功名。該怎麼做呢？大臣們給了她四個提議：

（1）向鄰國發動戰爭；

（2）邀請亞當・史密斯（Adam Smith），在國內嘗試他的經濟理論；

（3）引領一種喝早茶、下午茶的風俗；

（4）給多生孩子的家庭提供補貼。

面對這四個選項，女王該怎麼選呢？

戰爭可以搶奪短期財富，但會讓青壯年大幅減少，經濟可能因此一蹶不振；亞當·史密斯雖然很有名，但是人們並不清楚他實際會做什麼，而且近期的歷史表明，任命一位財政奇才效果不佳——另一位「經濟專家」約翰·羅（John Law），剛剛摧毀了法國經濟；而飲茶文化似乎與經濟繁榮沒什麼關係。這位睿智的女王，最終選擇了補貼生育。因為她認為財富是由人創造的，生育愈積極，城市人口愈多，經濟就愈繁榮。

補貼生育的方案持續實施了20年，但這位女王沒有等來期待中的經濟繁榮，國內還經歷了幾次可怕疾病的侵襲，她很苦惱。不過與此同時，一個和印度群島有貿易的小海港的經濟卻在高速增長。女王去這個海港視察，市長給她端上了一杯茶，並告訴她茶文化在這裡非常流行。

合乎邏輯的「補貼生育」，沒有效果；毫無道理的「茶文化」，卻帶來了經濟繁榮。這是為什麼呢？現在，我們戴上洞察力眼鏡，來透視一下「茶文化帶來經濟繁榮」這個表象下，「系統」這個黑盒子裡，「結構模組」是如何運作的。

變量

　　經濟繁榮程度和城市人口數量是最受女王關注的兩個變量，在整個系統中，有很多變量與它們相關：「經濟繁榮」與「城市移民」相關，「城市人口」與「出生人數」、「死亡人數」相關，「出生人數」、「死亡人數」又與「出生率」、「死亡率」相關，而與「城市人口」伴生的則是「過度擁擠」、「疾病蔓延」（見圖1-1）。

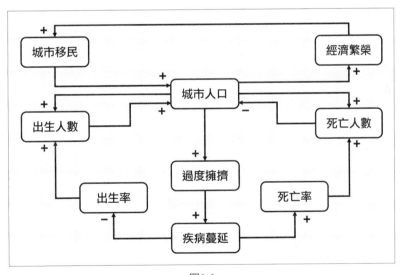

圖1-1

每條因果鏈上都有一個「＋」或者「－」的符號，「＋」代表箭頭起點的變量增強了箭頭終點的變量，比如「城市人口」加劇「過度擁擠」，而「－」則代表減弱。

因果鏈

這麼多變量，看上去像一團亂麻，但我們可以用因果鏈把它們連接起來。

「出生人數」會增加「城市人口」，「死亡人數」會減少「城市人口」，這些是顯而易見的。此外，「經濟繁榮」會使「城市移民」增加。「城市移民」增加，「城市人口」也會增加，而這會使生活空間減少，造成「過度擁擠」，進而引發「疾病蔓延」。

增強迴路

觀察搭建起來的這個因果鏈，再尋找關鍵節點，你會發現，影響女王最想實現的經濟繁榮的關鍵變量是城市人口。

「城市人口」增加，就有更多的人創造財富，促進「經濟繁榮」；「經濟繁榮」會帶來「城市移民」，「城市移民」又會增加「城市人口」，再創造財富。這種**「因增強果，果增強因」**的循環，就是**「增強迴路」**。

因為看到這條增強迴路中「城市人口」的關鍵作用，女王選擇「補貼生育」。

 調節迴路

女王實施了這一方案卻沒有取得理想效果的原因是，她忽視了因果鏈中抑制「城市人口」的變量——「疾病蔓延」。

「城市人口」過多會導致「過度擁擠」，「過度擁擠」會導致「疾病蔓延」；「疾病蔓延」降低了「出生率」，增加了「死亡率」，反過來減少了「城市人口」。這種**「因增強果，果抑制因」的循環，就是「調節迴路」**。

女王因為忽視了「疾病蔓延」帶來的調節迴路，白白浪費了20年的努力。不過在這麼漫長的時間中，女王為什麼沒察覺到有問題呢？這就要談到第五個結構模組：遲滯效應。

遲滯效應

孩子出生，20年後長大成人，才能再生孩子，這是遲滯；新增人口，幾十年後才會死亡，這也是遲滯；擁擠的加重、疾病的蔓延，都有遲滯。

因果之間相差幾十年，導致無數漫長的因果鏈交織在一起，讓迷失在現象中的女王難以做出準確判斷，只好從因等到果，但等到果出現時，一切已經晚了。

可是，為什麼「茶文化」這個似乎沒什麼作用的選項能帶來小海港的經濟繁榮呢？

因為18世紀的歐洲還沒有公共衛生的概念。城市排汙系統落後，市民喝的生水很不衛生。而飲茶有兩個好處：第一，泡茶要將水燒開，這個步驟殺死了水中很多傳播疾病的微生物；第二，茶裡的單寧酸有殺菌作用。茶雖然不算藥品，但飲茶這一行為起到了抑制「疾病蔓延」的作用，它無意中改變了系統的一個變量，帶來了**轟轟**烈烈的繁榮（見右頁圖1-2）。

這是個真實的故事。後來這個小國也大力推廣「茶文化」，成就了一番偉業，它就是18世紀的大不列顛，後來的「日不落帝國」——英國。

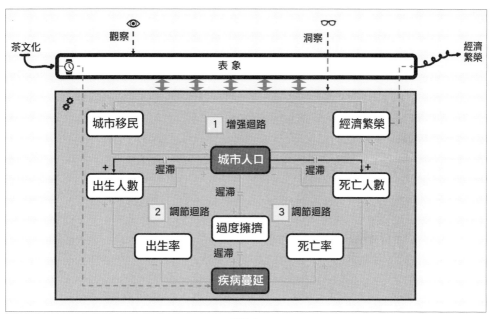

圖1-2

　　我們透過這個治理國家的真實故事第一次打開了「系統」這個黑盒子，初步認識了裡面五個最基本的「結構模組」：構成系統最基礎的結構模組——變量；變量間的連接關係——因果鏈；系統中最強大的結構模組——增強迴路；抵抗系統變化的調節模組——調節迴路；以及會誤導你判斷的結構模組——遲滯效應。戴上洞察力眼鏡，透視表象，用五個簡單的結構模組搭建出複雜系統，然後找到關鍵，做出正確的改變（見下頁圖1-3）。治理國家如此，治理企業更可以如此。

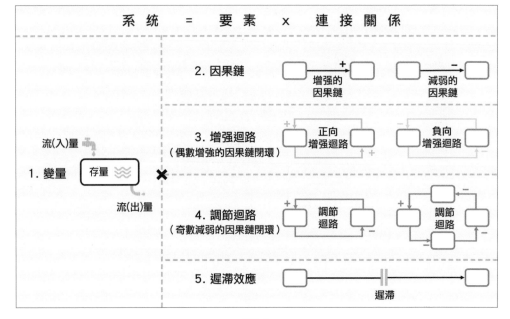

圖1-3

　　在接下來的章節中，我會用治理企業的真實案例逐一講解這五個模組的具體含義，以及這五個模組是如何在系統中運作的。

二、變量：
流量改變存量，存量改變世界

想要透過表象洞察系統本質，就必須先透澈理解「變量」這個最基礎的結構模組。

所謂變量，就是系統中那些數值可以變化的量。比如，忽高忽低的體重，忽好忽壞的公司財務指標，忽多忽少的門市顧客，這些都是變量。這些變量，都是基於時間變化的。隨時而變帶來了系統的複雜度、未來的不確定性和洞察本質的難度，讓我們覺得什麼都抓不住。

 「浴缸模型」

我們可以用系統動力學中經典的「浴缸模型」，來理解變量與時間的關係（見下頁圖1-4）。

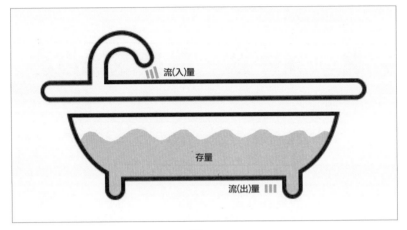

圖1-4

在一個浴缸中,「水」這個變量有兩種不同的狀態:第一種是存量——在一個靜止的時間點,浴缸中積蓄了多少水;第二種是流量——在一個動態的時間段,有多少水流入浴缸(流入量),或有多少水流出浴缸(流出量)。

讓你泡澡的是浴缸裡存量的水,還是水管裡流量的水呢?當然是浴缸裡存量的水。水管裡流量的水再多,只要不能積蓄為足夠的存量,你就無水可泡。

互聯網世界的「流量教信徒」很難理解這件事,他們認為流量是最重要的。事實上,**流量雖然是必要的,但只有能轉化為存量的流量才是重要的。**

　　舉一個例子。有一位80後*企業家打算二次創業，開一家日用百貨連鎖店，賣眉筆、耳機、充電線、收納盒等。他考察了很多地址，逐個排除，最終在地鐵和購物中心兩個地方舉棋不定。

　　你可能認為地鐵站的人流量比購物中心大，租金也比購物中心便宜，地鐵站應該是首選。不過真是這樣嗎？這位企業家決定用真實的經營數據來作對比。於是，他在地鐵站和購物中心各開了一家店。結果，開在人來人往的地鐵站的店鋪虧損嚴重，而開在顧客明顯更少的購物中心的店鋪非常賺錢。

　　這個真實的數據似乎既不符合我們的常識，也不符合我們的印象，令我們覺得匪夷所思。事實上，常識往往只是我們對表象的認識。要理解這個問題，我們必須透澈理解「顧客」這個變量。

　　每天上下班坐地鐵的人來去匆匆，壓根沒時間抬頭看一眼店面，更別說停留。在地鐵站開店，相當於用啤酒瓶接雨，雨再大，啤酒瓶也很難接滿。這就是地鐵站的店鋪流量巨大但虧損嚴重的原因。而在購物中心，顧客有的是時

---

*指1980-1989間出生的人。

間。他們的目的是停留，這些停留，不是這家店的存量，就是那家店的存量。也許不多，但顆粒歸倉*，毫不浪費。

最後，企業家選擇在購物中心開店。今天，他的日用百貨連鎖店已經在全球開了4200多家門市，年收入將近200億元人民幣，這家百貨連鎖店就是名創優品*。

如何看透「變量」

把變量拆解為「靜態的存量」和「動態的流量」可以幫你花式拆解複雜問題，直接關注底層的本質。我把自己作為商業顧問的重要心法——看透變量，從而解決存量、流量難題的三個經驗分享給你。

第一，關注「核心存量」。

有些存量，增長能明顯提升實力，減少會帶來危機，這些存量就是核心存量。

---

*形容再微小的東西也上繳給政府，這裡指物盡其用，所有的流量都沒浪費。
*資料來源：名創優品官網（http://www.miniso.cn/Brand/Intro）。

　　一家互聯網公司的核心存量是用戶，一家投資機構的核心存量是案例，一家醫院的核心存量是社會信任……流量改變存量，存量改變世界。找到核心存量後，就應該不遺餘力地往裡頭注入流量。

　　具體而言，核心存量需要符合以下三個條件。

（1）必須在增強迴路上。比如聲譽。聲譽能帶來更多好的合作機會，好的合作機會能帶來更好的聲譽，如此循環。只有這個存量在增強迴路上，愈往後需要你推動的力氣才會愈小；否則，你就得永遠大力推下去。

（2）必須能形成護城河。比如專利。專利牆一旦形成，就會帶來巨大的利益。而且，這個利益是有護城河的，城牆外的對手會對你久攻不下。護城河有四種：無形資產、成本優勢、網路效應、遷移成本。

（3）必須屬於組織。比如品牌。品牌屬於組織（企業），產品屬於用戶。產品永遠不是企業的核心存量。生產產品的能力，即「下蛋的鵝」才是，因為它屬於組織。如果核心存量屬於員工、屬於

環境、屬於政策，企業就會很脆弱。

比如，如果社會信任是你的核心存量，你應該做什麼？與人吃飯時，說好AA，你就應該及時轉帳。有個朋友幫了你，你需要認認真真地感謝他。你的品牌被客戶投訴，確實是你的責任，你應該進行雙倍賠償。客戶在社群網站上貼出產品缺陷的照片，你不能狡辯，而應誠懇道歉，表明會賠償並對產品做出改進。

第二，關注「流量增速」。

普通的人關注流量大小，優秀的人關注「流量增速」。國民財富是存量，GDP（國內生產毛額）是國民財富每年新增的流量，6.5%的GDP增幅就是流量增速。

流量很重要，流量增速更重要。在流量相同的情況下，增速大的，存量會更大。而且，流量增速還是存量的放大器：在相同的流量增速下，也會導致差距愈來愈大的結果。比如，我有10萬元，鄰居有100萬元，我們用這些錢共同投資了一個年收益5%的計畫。年底，雖然我們的增速都是5%，但我們之間的「貧富差距」會從90萬元擴大為94.5萬元。

當流量增速一樣時，我們和領先者的差距只會愈來愈大。落後者必須找到更大的流量增速，才有機會趕上並超過。如果你是一個上班族，不要太關注35歲之前的收入，不要為了800元、1000元，跳槽到一家學不到東西的公司，而應該把心思放在「能力」這個流量增速的引擎上。35歲之後，你會覺得以前計較的這些錢少得可笑。

第三，關注「週轉時間」。

存量除以流量得到的數值就是週轉時間。比如，你有1000件衣服的庫存，這是存量；每月可以賣出500件，這是流量；用1000件的存量除以500件的流量，二個月能清空庫存，二個月是週轉時間。

週轉時間是一個常常被人忽視但有槓桿般威力的要素。它是效率的刻度，而效率往往就是企業的生命線。

2019年1月，我帶企業家團隊去美國遊學，參訪了好市多（Costco）超市。好市多的高階主管接待我們時，我問：「好市多是怎麼做到商品價格那麼低，還賺那麼多錢的？」他回答：「因為我們的庫存週轉時間只有一個月。」

一個月意味著什麼？意味著，同樣的一塊錢，與庫存週轉時間為一年的公司相比，好市多可以將它掰成12塊來花。

好市多的銷售毛利率大約是6%，也就是假如用一塊錢進貨，能賺6分。一年中，這一塊錢就可以週轉12次，6分錢乘以12次，一年就能賺7角2分錢。而週轉時間為一年的公司用一塊錢進貨，就算銷售毛利率是50%，一年也只能賺5角錢。好市多賣得便宜還賺錢的祕訣就是更短的週轉時間。

要看透變量，就需要關注「核心存量」、「流量增速」和「週轉時間」。

在系統的五大結構模組中，變量是唯一可觀察的結構模組。細心觀察，你會發現商業世界不再是商品、員工、客戶、股東這些要素，而是「用數值表示的」商品年週轉次數、員工平均在職時間、客戶三個月內重複購買次數、股東投資收益率等抽象出來的、跳動的變量。用心觀察變量，是深入瞭解系統的第一步。

三、因果鏈：
為什麼「只看結果」
是低級的管理方法

瞭解變量後，就到了洞察本質的關鍵一步：用帶箭頭的線段把孤立的變量連接起來，搭建系統的雛形。這些帶箭頭的線段，就是系統的第二個結構模組：**因果鏈，即變量之間增強或者減弱的連接關係。**

為什麼要瞭解「因果鏈」呢？因為只有知道了「因」，我們才能更好地知道「果」是怎麼來的。而很多人眼裡只有當下的「果」，看不到潛藏的「因」，就像普通醫生「頭疼醫頭，腳疼醫腳」一樣。

我們來看職場中的一個非常簡單的例子。

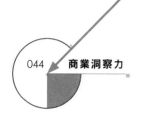
管理者的正確做法

身為管理者的老王發現，員工小李最近的工作效率很低，於是找他談話：「你要提高工作效率啊！」小李答應了。可接下來的幾週，小李的工作效率依然很低，還經常出錯。老王很惱火，批評小李說：「我該做的都做了，你怎麼就是不改呢？」

老王真的「該做的都做了」嗎？其實沒有。一位管理者真正該做的，是幫助員工沿著因果鏈順藤摸瓜，從結果反向找到帶來變化的原因。

老王的正確做法應該是這樣的：他透過觀察，發現小李最近特別累，上班經常打瞌睡。我們知道，疲勞程度愈高，工作效率就愈低。

那加重小李「疲勞程度」的原因是什麼呢？原來最近新產品上線，小李總在加班。工作時間愈長，疲勞程度就愈高。

做完因果鏈分析，老王得知了事情的原委：工作時間增強了（＋）疲勞程度，疲勞程度減弱了（－）工作效率（見右頁圖1-5）。

圖1-5

　　所以，他應該做的不是叮囑小李提高工作效率，而是制訂一個輪休計畫，保證每一個員工都處於最好的戰鬥狀態。

　　很多管理者喜歡說「我只看結果」。公司業績不好，就嚴厲批評下屬；開會沉悶，就強制員工發言；團隊中出現矛盾，不問原因就各打五十大板。但是，「只看結果」其實是低級的管理方法。真正有洞察力的人，會用因果鏈順藤摸瓜，找到與結果相連的原因變量，解決工作中出現的問題。

用「因果鏈」連接「變量」應注意的三個誤區

　　因果鏈看似簡單，只有增強（＋）和減弱（－），但正是它們一段一段地連接了萬千變量，才有了一切複雜的系統。愚者都可以讓事情變得更複雜，只有智者才能讓事情變得簡單。用因果鏈連接變量，把複雜的系統變成簡單的

因果鏈，這是搭建模型的基本功，也是我們成為智者的第一步。

要修煉這項基本功，以下三個誤區，你必須警惕。

誤區一：遺漏中間項

我們知道，喝咖啡可以讓人精力充沛。但是，喝咖啡和精力充沛之間並沒有一條增強的因果鏈。因為喝咖啡不會直接讓人精力充沛，它只會增加人體內的咖啡因含量，咖啡因含量增加則會增強新陳代謝這臺「馬達」的轉速，而新陳代謝才會把儲存的能量轉化為精力（見圖1-6）。

「咖啡因含量」和「新陳代謝」這兩個中間項容易被我們遺漏。

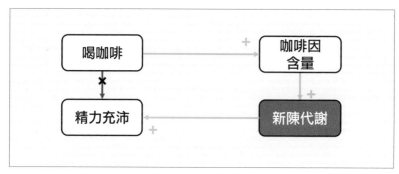

圖1-6

　　你也許會覺得，精力充沛這個「果」用「因果鏈」追溯到最後，「因」還是「喝咖啡」，這沒什麼不同。其實不然，當你知道「新陳代謝」這個遺漏的「中間項」才是直接原因時，你也許能找到讓自己精力充沛的更好的辦法。比如，你可以透過運動提高新陳代謝水準。

　　透過分析因果鏈條上的中間項，你可以發現那些藏得很深但至關重要的因素。找出它們，這通常是你轉變思考方法的開始。

誤區二：迷信相關性

　　沃爾瑪透過大數據統計發現，每週五晚上，超市裡尿片和啤酒的銷量會同步上升。於是，沃爾瑪就利用這種相關性，把尿片和啤酒放在一起，結果銷量大幅增加。

　　但這就證明相關性優於因果鏈嗎？我們來看一個反例。

　　據《羊城晚報》報導*，深圳警方接受採訪時說：「天秤座、處女座、天蠍座的人更喜歡違規。」警方還公布了數據支持這一結論：在某年8月3日至8月9日的行人、非動

---

*資料來源：《羊城晚報》，2015年8月12日報導。

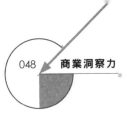

力車輛違規總人數中，這三個相連的星座（出生日期為8月23日至11月22日）的違規人數分別占比10.5%、9.63%和9%，排在前三位。

　　但是星座和交通違規之間真有增強的因果鏈嗎？當然沒有。實際上，這是因為在北半球低緯度地區（比如深圳），9—11月是生育高峰期（見圖1-7），所以在深圳，這

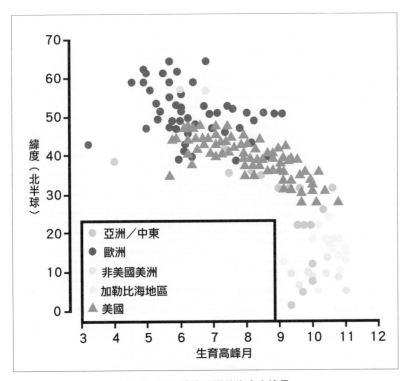

圖1-7　不同緯度地區的生育高峰月

資料來源：https://royalsocietypublishing.org/doi/full/10.1098/rspb.2013.2438

三個星座的人口比率要高一些，違規人數占的比率自然就高了。

　　相關，是未知的因果。真正的洞察力可以始於相關性，但要終於因果鏈。就像在「尿片和啤酒」的相關性中，有一條隱藏的因果鏈：太太經常會在週五囑咐丈夫下班後為孩子買尿片，而丈夫在購買尿片後，也會購買自己喜歡的啤酒，所以每週五晚上尿片和啤酒的銷量會同步上升。

誤區三：顛倒因果鏈

　　顛倒因果鏈，也是我們常犯的錯誤。

　　比如，在商業世界裡，到底是銷售價格決定了生產成本，還是生產成本決定了銷售價格？你是不是想當然地認為，應該是生產成本決定銷售價格？

　　但實際正好相反，是銷售價格決定了生產成本。

　　用更高的成本生產商品，並不會導致用戶願意用更高的價格購買。價格是由用戶感受到的價值和供需關係決定的，只有先確定了銷售價格，才能決定生產成本（見下頁圖1-8）。

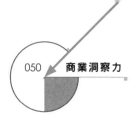
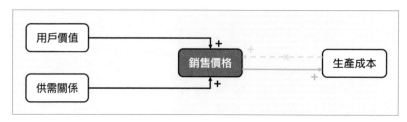

圖1-8

　　因果鏈是系統的五個結構模組中，第一個無法用眼睛觀察、只能用頭腦推理的模組。要看清因果鏈，需要避免上述三種誤區。

　　希望你能成為透視因果鏈的「神醫」，正確地還原「因」，藥到病除；早早地推演「果」，防微杜漸。

四、增強迴路：
每家偉大的企業，都有一個
高速旋轉的飛輪

變量是節點，因果鏈是線段。在線段中，能量從頭傳到尾就結束了。但如果我們把結尾和開頭也用一條因果鏈連接起來，形成閉環，就構成了一個「迴路」。**在迴路中，因增強果，果反過來又增強因，一圈一圈循環增強，就形成了「增強迴路」——系統中最強大的結構模組，也是系統動力學理論中最核心的部分。**

　　就像你用麥克風對著揚聲器說話時，麥克風和揚聲器之間就會形成一條一圈圈增強的迴路。你溫柔的聲音被循環放大，幾秒之內就會成為尖銳的「嘯叫*」，讓所有人捂上

---

*或稱『回授』，是擴聲系統中出現的一種不可控制的不正常現象，輕則影響聲音傳遞、破壞現場氣氛，重則可能導致音箱訊號過強而燒毀。

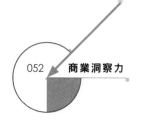

耳朵，這就是增強迴路的威力。下面幾個例子，能幫你更好地理解增強迴路。

理解「增強迴路」

一位朋友問我：「潤總，你的寫作能力是怎麼訓練出來的？寫了得到App上《5分鐘商學院》的二季600多節課，出版了那麼多本書，你是怎麼做到的？」我說：「其實，這都是因為『幸運』。」這麼說不是謙虛，也不是不想透露我提升寫作能力的訣竅，這是一個真實的故事。

讀國小時，我和絕大多數同學一樣，很不喜歡寫作文。但有一次，我在《小學生報》上碰巧讀到一篇標題為〈我的十歲生日〉的作文，於是心血來潮也寫了一篇，還把這篇文章交給了國語老師。然後，我的國語老師做了一件讓我至今難忘的事：她在課堂上朗讀了這篇文章，並表揚了我。當時的我，就像吃了五根雞腿、十個冰淇淋一樣開心，我因此找到了寫作的樂趣。

獲得樂趣後我開始經常寫作，寫作能力也就逐漸提高，一條「寫作興趣增強→寫作能力提高」的因果鏈形成了。

「寫作能力」提高，使我的文章被更多人認可，反過來又增強了我的「寫作樂趣」。「寫作能力提高→寫作興趣增加」這個因果鏈也被連接了起來，它們正式閉合構成「增強迴路」（見圖1-9），讓我在寫作的道路上愈走愈遠。

圖1-9

到了國中，我開始寫詩，將它們送給美麗的實習老師；高中時期，我給報社投稿，收到人生第一筆稿費；上了大學，我寫的散文集結成冊；工作以後，我開設部落格，寫出傳遍網絡的爆文；然後，我開始寫書，一本、二本、三本、四本；再然後，我在得到App開設了連載專欄《5分鐘商學院》……

把這一切不斷倒帶、再倒帶，便會追溯到那個陽光明媚的下午，一位笑意盈盈的國語老師給全班朗讀了一個孩子的作文。這個孩子是幸運的，老師一次不經意的朗讀，啟

動了他體內的「增強迴路」。

商業世界也是一樣。創業公司CEO（執行長）最重要的任務就是找到自己的增強迴路，然後使出吃奶的力氣推動迴路，讓公司的實力一圈一圈循環增強。

比如，臉書（Facebook）的社交。因為網路效應的存在，臉書的用戶數量愈多，臉書對其他用戶就愈有價值；它對其他用戶愈有價值，用戶數量也就愈多。這樣一圈一圈循環增強，就形成了「社交增強迴路」。

比如，蝦皮的電商。蝦皮的買家愈多，賣家就愈願意來蝦皮賣東西；賣家愈多，買家就愈願意來買東西。這樣一圈一圈循環增強，就形成了「電商增強迴路」。

再比如，Google的搜尋。Google收錄的網頁愈多，來Google搜尋的用戶就愈多；使用Google搜尋的用戶愈多，來Google投放廣告的廣告商就愈多；廣告商愈多，Google就愈有錢收錄更多的網頁。這樣一圈一圈循環增強，就形成了「搜尋增強迴路」。（見右頁圖1-10）

以上都是正向強化迴路的例子，簡單來說就是愈來愈好；「惡性循環」這個詞相信你也很熟悉，它指的是負向

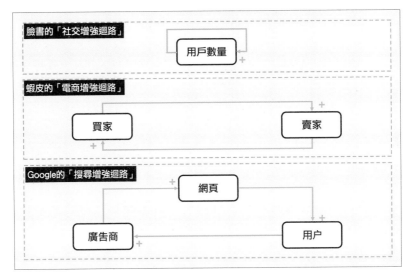

圖1-10

強化迴路，也就是愈來愈差。總之，判斷一條迴路是不是增強迴路，標準在於它是否符合「愈來愈……」的循環狀態。

建立「增強迴路」需要注意的三點

增強迴路這個結構模組具有巨大的威力，但在使用時有以下三點需要注意。

第一點，找到自己的飛輪。

增強迴路一旦形成，就變成了一個飛輪。你只需要不斷推動飛輪，飛輪就會愈轉愈快。飛輪轉得愈快，愈有不可超越的競爭優勢。這就是飛輪效應。1994年，一位深度思考者決定創業。他在紙上寫下了創業必須面對的一些變量：

（1）客戶體驗

（2）流量

（3）供應商

（4）低成本結構

（5）更低的價格

然後他開始思考並分析以下問題：什麼帶來了客戶體驗？更低的價格。因為每個客戶都想用更低的價格買到更多更好的商品。什麼帶來了更低的價格？低成本結構。因為成本低，價格才可能低。什麼帶來了低成本結構？規模效應。從供應商那裡進更多貨，供應商的供給價格就會相對低，從而降低成本。怎樣才能向供應商進更多貨？擁有巨大的流量。用戶流量大，需求量就大，需要進的貨自然

就更多。什麼能帶來巨大的流量呢？更好的客戶體驗。

　　從客戶體驗出發，經過因果鏈不斷增強，最後回到客戶體驗本身，一個閉環的「增強迴路」躍然紙上（見圖1-11）。

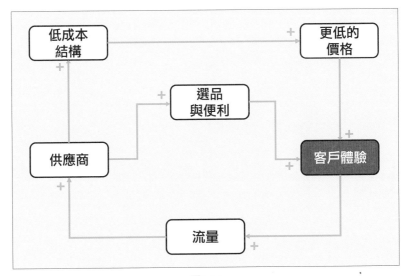

圖1-11

　　這位深度思考者如獲至寶，於是開始推動這個「增強迴路」的旋轉。它旋轉得愈來愈快、愈來愈快，最後變成了一個高速飛輪。這位深度思考者，就是亞馬遜的創辦人——傑夫·貝佐斯（Jeff Bezos）。

亞馬遜在今天大獲成功。甚至有臉書的高階主管跳槽轉做基金投資的工作，都是大舉買入亞馬遜的股票而非臉書的。為什麼？這位高階主管說：「因為亞馬遜的成功是模式驅動的，而臉書是用戶行為驅動的。亞馬遜模式成功後會更成功，而用戶行為一直在變，臉書永遠不安全。」

小成功靠聰明才智，大成就靠增強迴路。要想獲得大成功，你應該先找到自己的飛輪。

第二點，確定第一推動力。

增強迴路形成後，推動增強迴路中的任何一個變量都會為飛輪加速。但是回到最開始，到底是先有雞，還是先有蛋？飛輪的第一推動力是什麼？在上面的例子裡，答案一定是消費者獲益。

2003年，阿里巴巴成立淘寶。淘寶的「電商增強迴路」，就是買家數量愈多，愈能吸引賣家；賣家愈多，買家自然愈多。但是最開始，應該先推動買家還是賣家呢？

淘寶決定先推動買家。為什麼呢？因為買家稀少，掌握著選擇權。一旦獲得買家的信任，交易結構就會在買家推動下發生變動。於是淘寶推出了支付寶。支付寶讓交易結

構變成這樣：買家把錢匯給支付寶─賣家發貨─買家確認收貨─支付寶把錢匯給賣家。

　　這個流程把無上的主導權交給了買家。只要不確認收貨，錢就是買家自己的。因為支付寶解除了買家花錢收不到貨的顧慮，淘寶買家的數量飛速增長。

　　但是這個制度並不完美，因為買家也不全是「好人」，會有買家明明收到貨卻說沒收到，騙取賣家的商品。但是，讓買家放心比讓賣家放心更重要。

　　淘寶從推動買家出發，買家吸引賣家，賣家再吸引更多買家……如此循環，不斷增強。因為選對了「第一推動力」，淘寶很快成長為中國國內最大的電商平臺。

第三點，堅持不懈地推動。

　　亞馬遜的「飛輪效應」在這幾年非常有名，很多公司都在學它，但為什麼至今沒有第二個亞馬遜出現呢？

　　因為只推動飛輪一天是沒有用的，推動一週、一個月、一年也是遠遠不夠的。這個飛輪，亞馬遜推了足足25年。

　　這25年裡，亞馬遜曾和書商翻臉，自己簽約作者，就是為了給消費者「更低的價格」；冒巨大風險推出「Prime會員」，也是為了「更低的價格」；亞馬遜公司自己非常摳門，還是為了「更低的價格」。

　　堅持不懈推動25年，亞馬遜的飛輪的轉速，才在今天快到令人驚嘆的程度。

　　幾千年來，人們為「增強迴路」引發的大起大落現象起了無數名字，宗教學家叫它「馬太效應」（Matthew Effect），經濟學家叫它「贏家通吃」，金融專家叫它「複利效應」，互聯網公司叫它「指數型增長」。但是這些如煙花一樣絢爛的現象背後，是同一個基礎結構模組——增強迴路在產生著推動作用。

五、調節迴路：
你的計畫是騰飛，
世界的計畫是回歸

作為系統中最強大的結構模組，增強迴路的威力就像樹的根一樣，愈深入泥土，愈能吸收更多養分，樹就能長出更多更深入的根。但是，沒有哪棵樹會不停生長，它終究會定格在一定的高度上。國家、企業、個人的發展都是如此，為什麼？這是因為「增強迴路」的孿生弟弟──調節迴路在產生作用。

如果說增強迴路是追求極端，調節迴路就是追求平衡。你可以想像一條橡皮筋，增強迴路會用力將它拉長，但拉得愈長，往回彈的力量就愈大，這個往回彈的平衡力量就是調節迴路。**調節迴路是一條因增強果，果反過來減弱**

因，從而抵抗系統變化的因果迴路。

亦敵亦友的「調節迴路」

當一個變化快速發生時，系統中總會出現一些抵抗變化的變量。比如，當昆蟲數量突然增多時，小鳥因為食物豐盛，也會愈來愈多。小鳥的數量就是抵抗「昆蟲突然增多」這個變化的變量。小鳥數量增多，會使昆蟲數量減少，最終回到正常水準；昆蟲數量回到正常水準，小鳥也會因為食物減少，回到正常的數量水準。大自然就像有「目的」一樣，用小鳥的數量調節昆蟲的數量，抵抗變化，保持系統平衡。

在這個例子中，調節迴路是我們的朋友。但是，在其他場景中，調節迴路有可能變成我們的敵人。

比如，老闆讓你在幾天後交一份報告。你想：不急不急，還有好幾天呢，我先醞釀醞釀……然後，這件事就被擱置了。等到截止日期快到的時候，你依然一個字都沒寫。你只好「頭懸梁，錐刺股」，終於在凌晨三點，眼皮「夾斷了」好幾根牙籤之後，從呵欠裡擠出了一份連自己

都不知所云的報告。

　　這就是拖延症。它真正的可怕之處，是你明明早就站在了起點上，卻總要等到快沒時間了才開始奔跑。而阻止你及早開始的，可能是一條在你小時候就已經埋下的「用拖延抑制壓力」的調節迴路。

　　小時候，你有沒有過這樣的經歷？放學做完所有作業，本想玩一會兒，你的媽媽說：「這麼快就把作業做完了，那做一張數學考卷吧。」你做完數學考卷，媽媽又說：「這麼快！那再背一些中學托福*的單字吧。」

　　這時你明白了，原來在父母心中，作業是永遠做不完的。早點寫完作業，不但不能早點休息，還會帶來更多作業。怎麼辦？那就抵抗變化──既然作業做得太快會帶來更多的作業、更大的壓力，那就慢慢寫，故意減慢自己寫作業的速度。

　　因此，拖延不是病，而是對抗壓力的藥。它就像「速效降壓藥」一樣，把父母強行施加的、突然增加的壓力降回到正常範圍內。久而久之，這種病態的舒適會讓孩子對

＊TOEFL Junior®，是托福測驗中針對11歲以上中學生的英語能力測驗。

「速效降壓藥」成癮，無法享受高效的樂趣，從而使拖延的壞習慣伴隨自己一生。而造就孩子這種壞習慣的，常常是那些不理解調節迴路會自動抵抗變化的親生父母。

 ## 如何與「調節迴路」共舞

調節迴路必定潛伏在你發展的路上，亦友亦敵。在商業世界中，我們要懂得與狼共舞，做到三件事。

第一，打破「看不見的天花板」。

調節迴路在商業世界中常常表現為「天花板」。很多人總是等到碰得頭破血流，才意識到「天花板」的存在。所以你要注意，一定要提前看到它，並且打破它。

舉個例子。創業者都知道產品的重要性。好的產品，會帶來更多用戶。有了更多用戶的反饋，產品會改進得更好。這就形成了一條「增強迴路」。很多創業者在創業時過於注重產品，特別喜歡說：「產品才是最重要的。我絕對不能像我的老東家那樣管理公司，他們所謂的『向管理要效益』只會導致層級太多、流程複雜、制度死板，這

不利於產品的迭代。沒有管理的管理，才是最好的管理。公司總共十幾個人，遇到什麼問題，站起來吼一句就解決了。如果解決不了，就去吃火鍋唄。有什麼問題是一頓火鍋解決不了的？如果有，那就兩頓。」

　　使用這樣的管理方法，在創業初期確實很有效。好的「產品品質」會使「公司規模」擴大，「公司規模」的擴大會推升「產品品質」。這時，創業者會明顯感覺到，自己的公司正在一個「產品為王」的增強迴路中實現指數級增長。

　　但是公司發展到幾百人後，有些員工，創業者甚至從來都沒見過。「站起來吼一聲」、「走，去吃火鍋」這些「沒有管理的管理」，再也起不了作用了。各種問題層出不窮，產品的錯誤和漏洞愈來愈多，客戶抱怨不斷。

　　「公司規模」的擴大增加了「管理複雜度」，「管理複雜度」限制了「公司規模」。「產品為王」這個增強迴路便遭遇了「管理複雜度」這個調節迴路，使公司業績撞到看不見的天花板，再難突破。（見下頁圖1-12）

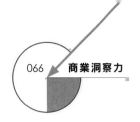

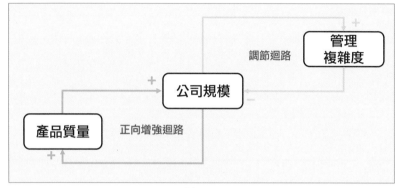

圖1-12

「管理複雜度」這個調節迴路的「目的」就是抑制創業者的公司規模，讓它回歸平庸。

這時，公司就需要設立部門，用層級、流程、KPI（關鍵績效指標）等提高管理效率，切斷「管理複雜度」這個調節迴路，釋放進一步增長的潛力。等到這時，創業者才會理解大公司的前輩們經常說「向管理要效益」的原因。以前創業者能做到「沒有管理的管理，就是最好的管理」，僅僅是因為公司太小，離管理複雜度這個調節迴路還比較遠。

第二，讓「阻礙變革者」成為變革受益者。

追求平衡的調節迴路，有時也會使企業變革變得困難重重。

如果你作為CEO要發起一場生死攸關的變革，變革會面臨的最大風險是什麼？不是外部環境，而是內部的既得利益者。變革增強了他們的抵抗，他們的抵抗削弱了變革。既得利益者，是組織變革最大的調節迴路。（見圖1-13）

圖1-13

那怎麼解決這一問題？把他們都開除？當然不行。只有精準地找到他們，調整激勵機制，讓他們成為變革的受益者，公司才會不被自己人殺死。

第三，建立「自我修復機制」。

拖延症、管理複雜度、既得利益者的抵抗……你可能覺

得調節迴路帶來的都是壞影響。其實不然，調節迴路的目的只是回歸平衡。這種平衡通常表現為「自我修復」，而這種修復能力往往能在關鍵時刻力挽狂瀾。

人的體溫能一直保持在37℃左右，就是因為調節迴路的自我修復。溫度低了，調節迴路能加快人體代謝，提供熱量；溫度高了，調節迴路開始指揮人體排汗，帶走熱量，平衡人的體溫。

企業發展也是同樣的道理，你應該為重大風險設計自我修復的調節迴路。

比如，2005年，盛大（SNDA）突然收購了新浪19.5%的股份。一旦盛大持有的新浪股份突破20%，新浪就要面臨丟失控制權的重大風險。這個風險啟動了新浪早已設計好的調節迴路：股權攤薄反收購措施＊，也就是著名的「毒藥丸計畫」。這個計畫讓其他股東可以半價購買新浪增加發行的股票，從而將盛大的股權稀釋到了20%以下。最後盛大知難而退＊。如果沒有這個「毒藥丸計畫」，新浪的控制權可能已經歸入盛大囊中。

＊又稱「股東權利計畫」（shareholder rights plan），是公司為了抵禦不當收購的一種防禦措施。

＊資料來源：《證券市場周刊》，2005 年 3 月 13 日報導。

專案管理中的「監控環節」，員工管理中的「一對一溝通」，公司管理中的「例會制度」，都是CEO手中最有效的調節迴路，用來幫助公司進行自我修復。

在沒有調節迴路的公司中，炸彈會隨時爆炸。

你的計畫是騰飛*，世界的計畫是回歸。這個世界上，凡是有增強迴路的地方，必有調節迴路。如果你沒遇到，只是因為增強得還不夠快。調節迴路亦敵亦友，它一方面會抑制你的發展，另一方面是自我修復的一種手段，請務必戴上洞察力眼鏡，看清調節迴路帶來的影響。

＊騰空飛起，比喻快速進步、發展。

六、遲滯效應：
教育孩子，為什麼至今
沒有完美「配方」

為什麼教育孩子這件事至今都沒有完美「配方」？要回答這個問題，你就必須理解遲滯效應。

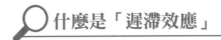 什麼是「遲滯效應」

你有沒有遇到過「淋浴的尷尬」？向左轉水龍頭，水會愈來愈燙；向右轉水龍頭，水會愈來愈冷。你只好向左、向右、向左、向右……光調節水溫就要折騰10分鐘。（見右頁圖1-14）

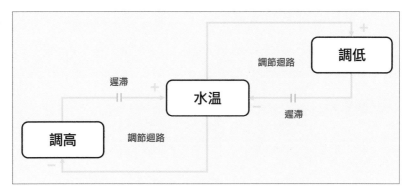

圖1-14

　　你有沒有經歷過「目標的震盪」？目標訂高了，無法完成，導致士氣大落；目標訂低了，完成太過容易，團隊會鬆懈驕縱。你只好將目標訂得高點、低點、高點、低點……嘗試幾個月，依然無法將目標訂得剛剛好。

　　你有沒有見過「政策的舞蹈」？宏觀經濟政策收緊，經濟就遇冷；宏觀經濟政策放開，經濟就過熱。國家會將政策小幅收緊、放鬆、收緊、放鬆……調整好幾年。

　　為什麼會出現上述這些情況呢？

　　因為轉動水龍頭後要等上幾秒鐘，水溫才會發生變化；設定目標後，要努力至少幾週，才能看到結果；調整宏觀經濟政策後，要幾個月後才能看到國家經濟發生變化。

　　因果鏈不是瞬間連接上的，因果之間的時間差讓本來在空間維度上已經很複雜的系統，又增加了時間維度上的複雜性，使我們的決策很難產生一步到位的效果，這就是「遲滯效應」。

　　遲滯效應用圖形表示，是因果鏈上的兩道短線。

　　遲滯效應帶來的時間維度上的複雜性，無處不在。

　　比如，人體從感染病毒到出現症狀，有一定的「潛伏期」，讓我們難以從症狀追溯病因；從播種到收獲，需要長時間的「耕耘」，這個時間長到讓我們懷疑努力是不是一定有收獲；從投資到獲得回報，會有漫長的等待，讓我們無法快速驗證自己的判斷。

　　回到開篇的問題，教育孩子，為什麼至今都沒有完美「配方」？

　　因為從開始對孩子進行教育到看到教育成果，會有幾年，甚至幾十年的遲滯性。人們幾乎無法從孩子長大成人後呈現出的某種品質，跨越數不清的人，數不清的事，畫一條長達幾十年的因果鏈，指向最初的那個原因。誰能說自己的孩子今天如此優秀，就是因為20年前上的那個奧林

匹克數學班呢？教育過程中，任何一個微小的變量，都可能使孩子成長為不一樣的人。（見圖1-15）

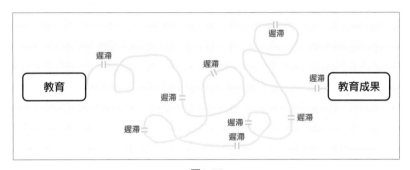

圖1-15

如何識別和處理好「遲滯效應」

遲滯效應讓這個世界變得撲朔迷離，而洞察遲滯效應這個「調皮鬼」的存在，不僅能幫助我們做出正確的商業決策，還對我們日常生活中的決策大有裨益。

那麼，如何識別和處理好遲滯效應呢？以下三條，是我從大量諮詢案例中總結出的心法。

第一，原因不一定在結果附近。

因為存在遲滯效應，原因不一定在結果附近，而是可能

在幾天前、幾個月前,甚至幾年前就已經出現了。

你學習谷歌成功的邏輯,並不是在參觀谷歌後發現它擁有一個六星級員工餐廳,於是在自己的公司也建一個。你不應該看谷歌今天有什麼,而應該看它在15年前做了什麼。

你的公司業績大漲,真是因為業務們浴血奮戰嗎?當然有這個因素。但更重要的原因,可能是三年前你投入大量資金對產品進行的研發。

你持續培訓員工,沒有立即看到培訓的成果,這說明培訓沒用嗎?當然不是。你可能會在幾個月後的一場「大戰役」中看到令人驚喜的成效。

第二,減少遲滯,增加確定性。

有一次,一位朋友請我試用一款智慧音箱。我打開包裝,按下開關,音箱沒有反應,我又按了一下,音箱還是沒反應。我問朋友這是怎麼回事,他說按下去後需要等幾秒鐘。果然,六秒之後音箱亮了。

從用戶「按下開關」的因到「打開音箱」的果之間存在

六秒遲滯，這會讓用戶不斷重複「按下開關」這一操作，最終迷失，從而使用戶體驗在一開始就大打折扣。這時候就需要減少遲滯，增加確定性。比如，設計成用戶按下開關後，音箱會先亮起一盞小燈，或者震動一下。這個小改動，就可以讓得到即時反饋的用戶不再像個傻瓜一樣反覆按開關了。

領導者在管理員工時也應減少遲滯，增加確定性。看到員工表現優秀，不要等開年會時再進行統一表彰。這會讓員工感到混亂，很難將獎勵的果聯繫到行為的因。而且，長期的努力工作得不到應有的肯定，這位員工說不定等不到年會上的表彰就離職了。應該立刻對這位員工進行表揚，這樣他才能建立因果鏈，知道什麼行為是被獎勵的，這一即時的表揚也更能激發員工的工作熱情與潛力。

只有見識過「遲滯」帶來的混亂，你才會明白「即時」的可貴。

第三，警惕由「遲滯效應」引起的「劇烈震盪」。

一家歐洲日用雜貨公司公布過一組數據：生產一件產品需要45分鐘，把產品賣到消費者手上需要150天。也就是

　　說，製造商的生產計畫經過「製造商—批發商—零售商—消費者」這條長鏈，要遲滯150天，才能得到市場反饋。

　　收到市場做出的積極或者消極的反饋後，製造商就算立刻增產或者減產，長鏈也要150天後才能再次觸達消費者。而150天後消費者的需求早已有所變化，所以，整個供應鏈一會兒積壓庫存，一會兒供不應求，會產生劇烈震盪。（見圖1-16）

　　人們把這種商業世界中的長鏈波動，稱為「長鞭效應」。這就像你拿著跳繩的一頭上下甩動，弓起的波會慢

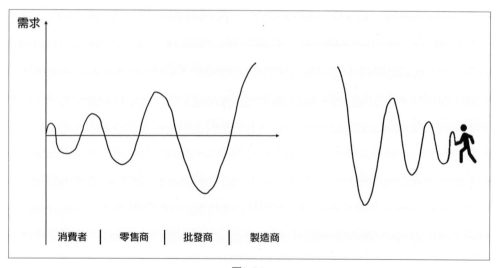

圖1-16

慢傳到另一頭一樣。

　　麻省理工學院史隆管理學院的約翰・斯特曼（John Sterman）教授用「啤酒遊戲*」模擬了遲滯供應鏈。他在大量學生中做了實驗，發現不管是誰操盤，只要「消費者—零售商—批發商—製造商」構成的遲滯結構不變，「慢半拍」就必然導致庫存的「劇烈震盪」。可見，是具有遲滯效應的系統結構，而不是結構裡的人，決定了結果。結構大於人。

　　那怎麼辦呢？有兩個辦法：縮短和平滑。

　　縮短指的是用「短路經濟」砍掉供應鏈環節，甚至用戴爾（DELL）式直銷、小米式預售的方式縮短長鞭。平滑指的是不要因為某天產品賣得多，就投機性生產，而要根據一週、一個月或者若干年的歷史數據安排生產，平滑長鞭的抖動。

　　除了供應鏈環節之外，市場競爭中的價格因素也受遲滯效應的影響。「有效市場假說」認為：價格高，會吸引更

＊一群人分別扮演製造商、批發商和零售商三種角色，彼此只能透過訂單／送貨程序來溝通。各個角色擁有獨立自主權，可決定該向上游下多少訂單、向下游銷售多少貨物，而且，只有零售商才能直接面對消費者。

多人參與競爭，導致價格下降；價格低，會使不少人退出
市場，導致價格上升（見圖1-17）。價格總能反映價值。但
把遲滯效應這個「調皮」的結構模組考慮進來，你就會明
白：價格幾乎永遠不會等於價值。「看不見的手」的調節
總有遲滯。這種遲滯使價格圍繞價值震盪，而由震盪帶來
的空間就是創業者永不消失的機會。比如農民發現西瓜價
格不錯，就都去種西瓜。然後供過於求，西瓜價格下跌。
農民改種別的，西瓜又會供不應求，價格上漲。然後農民
再來種西瓜……所以，農業常有「大小年」之說。西瓜的
價格就一直圍繞著價值上下震盪。

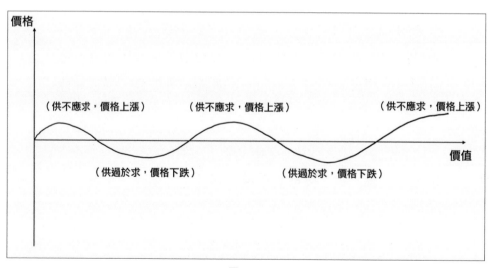

圖1-17

　　遲滯效應並不是微不足道的「慢半拍」。遲滯效應一旦「纏上」了調節迴路，系統就會出現劇烈的震盪；而一旦加上因果鏈，原因和結果就會在時空上遠離，誤導你的判斷。

　　分析問題加入時間的維度，你的洞察力就會上一層新臺階。

七、搭建模型：
白手起家，創業者
如何找到戰略勢能

要想考察一家諮詢公司或者商學老師說的是不是真的有用，就看他們是否用自己的理論和方法來經營自己。所以，在依次介紹了「變量、因果鏈、增強迴路、調節迴路、遲滯效應」這五個系統的結構模組後，我將以創立「潤米諮詢」的故事為例，示範如何用這些結構模組搭建一個商業模型。

2013年，我離開工作近14年的微軟，創立了潤米諮詢。我的第一個客戶是自己。而我要做的工作，用諮詢的術語說，是要幫客戶搭建有效的商業模型。通俗地說，就是要讓一名白手起家的創業者真正把事業幹成。

如何搭建潤米諮詢的商業模型？我決定，戴上商業洞察力的眼鏡，看看諮詢這個行業。

核心存量

存量是在一個靜止的時間點上變量的數值。諮詢行業的哪些核心存量是關鍵？我向麥肯錫的朋友、波士頓諮詢的朋友、《商業評論》的出品人曹陽、晨興資本的合夥人劉芹，一一請教了這個問題。

麥肯錫的朋友說：「成功案例。」波士頓諮詢的朋友說：「深刻的洞察。」曹陽掰著指頭數：「諮詢、培訓、演講、文章、寫書。」劉芹說：「聲譽。」（見圖1-18）

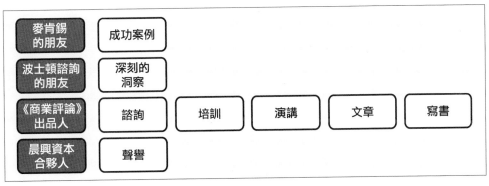

圖1-18

成功案例，會帶來更多成功案例；運用洞察看準病的根源，能治病，才是關鍵；諮詢、培訓、演講、文章、寫書這五個核心變量相輔相成；企業所做的一切都是為了積累聲譽。這些回答都有道理，但哪些才是諮詢行業最關鍵的核心呢？

這也是人們在面臨重大選擇時經常碰到的問題：很多要素都會影響你的成敗，好像哪個都很重要，但到底哪個或哪幾個才是真正的核心呢？只知道要素本身是不夠的，必須要先找到它們之間的關鍵因果鏈。

 ## 關鍵因果鏈

對剛創業的我而言，最關鍵的因果鏈就是通向收入的因果鏈。那麼，是哪些關鍵的「因」，導致收入這個必然的「果」？

進行了一系列訪談後，我從眾多要素中提取出了一個關鍵的「因」──聲譽。

你可能覺得，聲譽沒什麼特別之處，它對所有公司都很重要。沒錯，但對其他類型的公司來說，聲譽未必是第一

因，而對諮詢公司卻是。

提到開諮詢公司，很多人總會說：「這個業務，沒什麼成本，只要有人就行了。」這似乎很有道理。諮詢公司不需要先行購置廠房、添置設備，也沒有庫存週轉的壓力，甚至不需要高額的啟動資金。但是他們忽略了一個常識，諮詢公司需要承擔一筆巨大的成本——交易成本。

交易成本來自客戶的不信任。成功的諮詢公司各有各的成功，失敗的諮詢公司失敗的原因只有一條：客戶不相信你的能力。因為不相信，客戶會不停地質疑：「說說看，你能做什麼？你比X好在哪裡？比Y強在哪裡？還能再便宜一點嗎？你能來競標嗎？我們只能先付30%的錢，等看到效果再付尾款吧。」這些高昂的交易成本會使一家諮詢公司的成交速度極慢、客戶戰略決心不夠，從而導致諮詢效果不好，諮詢公司也會因此收不到報酬。

所以，聲譽就是讓客戶相信的力量。只有用極好的聲譽降低交易成本，潤米諮詢才可能建立戰略勢能，我才算創業成功了。

找到「聲譽提升→收入增加」的關鍵因果鏈後，我給自己定了一條鐵律：絕不去客戶現場做售前服務。

　　因為不管多大的企業家，只要他不願到我的小辦公室進行諮詢，就說明我的「聲譽」還沒有強大到讓他挪步。只要不是用「聲譽」這個第一因贏來的客戶，再有錢，也不是我真正的客戶。「聲譽」不夠強大是我的錯，遇到這樣的企業家，我的內心獨白是：請原諒我無法服務你，因為我要用這個時間拚命提升自己。

　　這就是關鍵因果鏈帶來的戰略定力。找到了關鍵要素「聲譽」以及「聲譽提升→收入增加」的關鍵因果鏈之後，就該啟動整個系統了。

增強迴路：推動增長的飛輪

　　CEO的核心職責是「求之於勢，不責於人」。所以，作為潤米諮詢的CEO，我的職責是不斷增強「聲譽」這個「勢」。這就需要建立增強迴路。

　　在建立增強迴路的過程中，需要先思考：是什麼在推動「聲譽」這個核心存量的提升？是作品。

　　我必須有讓企業家發自內心認同的好作品，比如醍醐灌頂的文章、透澈恢宏的書籍，才能提升聲譽。

　　然後，又是什麼在推動「作品」的出現？是學識。紙上談兵只會被人恥笑。我必須參與真實的商業運作、解決具體問題、身處商業前沿，才能有真才實學、真知灼見。

　　那麼，是什麼在推動「學識」的積累？是聲譽。只有具備極好的聲譽，才會有很多企業允許我的陪伴，使我獲得大量真實的體驗和感受，豐富自己的學識。

　　「聲譽提升→學識積累→作品增加→聲譽提升」，這條增強迴路便浮出水面。（見圖1-19）

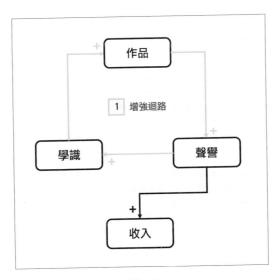

圖1-19

確定自己的增強迴路後，我決定只要不是推動「聲譽、學識、作品」飛輪的事情，一律不做。

有一次，一位老長官給我打電話介紹客戶。我雖然十分感動，但是婉拒了。因為這位客戶遇到的是一個很常見的管理問題，大多數諮詢公司都能做得很好，解決這個問題無助於提升我的聲譽，也就不在我的增強迴路上。有錢不賺，是艱難的決定。但這就是華為一直強調的「不在非戰略機會點上消耗戰略性資源」。

那麼，諸多機會之中，什麼是戰略機會點？你的資源裡面哪些是戰略性資源？這不是靠意願和感受能做出判斷的事。只有戴上洞察力眼鏡，確定自己的增強迴路，你才會知道真實答案。所有你以為的「突然出現式」的成功，背後都有環環相扣的增強迴路。

調節迴路：打破增長的天花板

作為一名企業家，在推動增強迴路加速轉動的同時，也要思考：未來抑制增長的最低的那塊天花板是什麼？

　　對我來說，是有限的時間。因為就算單價再高，我的時間終有賣完的一天。（見圖1-20）

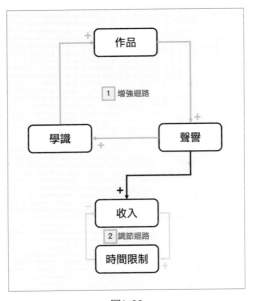

圖1-20

　　看到低垂的「時間限制」天花板，我反而很安心。因為我知道，什麼終將到來。於是，我把團隊、產品、資本都先放在一邊。然後，低下頭，繼續推動我的飛輪。

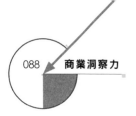
遲滯：飽和式創業

昨天的努力，通常沒法在今天就看到回報。比如，我們不能指望一個作品剛剛發布，公司第二天就聲譽大增，馬上有人上門諮詢。遲滯效應使結果常常不在原因附近。經過一段時間的發展和嘗試，我發現在「聲譽提升→學識積累→作品增加→聲譽提升」整個增強迴路中，每一段因果鏈都嚴重遲滯。（見圖1-21）

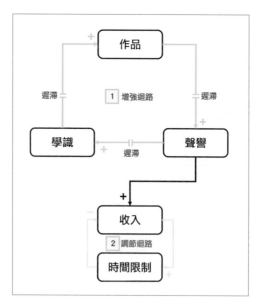

圖1-21

　　我選擇使用飽和式創業的方式來解決這一難題。飽和式創業不是沒日沒夜地埋頭工作，斤斤計較成本效益、回報率，而是把戰略資源前置投入，讓結果提前地、確定地出現。這對我來說，就是為每一個果，設計三個因，然後等待它們發揮作用。

　　隨著公司的發展及新事物的出現，我決定用公眾號、微博，以及後來的抖音這三個因，共同推動「聲譽」這個飛

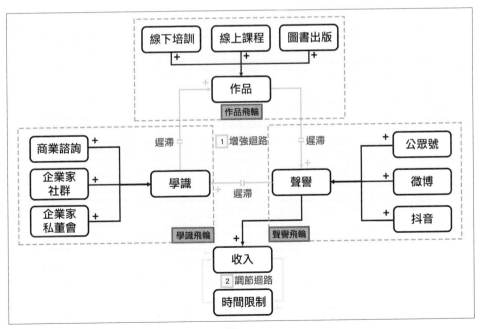

圖1-22

輪；用商業諮詢、企業家社群、企業家私董會這三個因，共同推動「學識」這個飛輪；用線下大課、線上課程、圖書出版這三個因，共同推動「作品」這個飛輪。

至此，我給自己搭建的商業模型就基本完成了。（見上頁圖1-22）

接下來，我開始推動飛輪。

2013年11月，我寫了一篇叫作《傳統企業，互聯網在踢門》的文章，輕輕推動了「聲譽飛輪」；海爾集團戰略部因為這篇文章來找我，我們簽署了諮詢合約，「學識飛輪」得以推動；之後我將諮詢過程中的洞察寫成了《互聯網＋：戰略版》一書，推動了「作品飛輪」；然後，吳曉波老師邀請我在《轉型之戰：傳統企業的互聯網機會》這一轉型大課上演講，獲得大量自媒體傳播，再次推動「聲譽飛輪」；後來，領教工坊*邀請我擔任私董會領教，再次推動「學識飛輪」；再後來，羅振宇老師邀請我做《5分鐘商學院》線上課程，再次推動「作品飛輪」……如此往

---

*針對中國價值創造型民營企業家，以「私人董事會」方式進行個人領導力修煉，致力於成為其終身學習與突破成長的首選社群。

復，飛輪愈轉愈快。

這個增長迴路中沒有一個叫作銷售的飛輪，也沒有一個叫作收入或者利潤的飛輪，因為它們都是果而不是因。

五年之後，我擔任過海爾、恒基、中遠、百度等企業的顧問，主理擁有超過40萬學員的《5分鐘商學院》，帶領企業家私董會三年，帶領企業家們全球遊學七個目的地，出版了多本圖書。由我帶領的潤米諮詢不斷成長。

這一切，都開始於五年前搭建的那個商業模型。

八、系統體檢：
複雜，是成熟的代價

利用「變量、因果鏈、增強迴路、調節迴路、遲滯效應」這五個結構模組洞察商業本質、搭建系統模型後，我們需要思考下面這些問題：我們搭建的模型脆弱嗎？用力一碰，它會轟然倒塌嗎？環境變化時，它會自我適應嗎？它僵化嗎？它靈活嗎？它內部溝通順利嗎？它健康嗎？

接下來，我將向你介紹檢查系統模型是否健康的三個指標：

適應力（resilience）──突然遇到外部衝擊，系統自我修復的能力；

自組織性（self-organization）——為了適應變化，系統自我突變的能力；

層次性（hierarchy）——通過把整體切分為局部，控制系統資訊風暴的能力。

它們縱向串聯起了我在前文講到的五個結構模組。

 **適應力**

推動我作品飛輪的《5分鐘商學院》是得到App的年度每日更新課程。那麼，我每天白天寫，晚上發，可以嗎？

不可以。

因為這種「寫一篇、發一篇」的模型缺乏適應力，並不健康。一旦我要出差、遊學，或者突然生病，甚至就是在某一天不想寫了，這些外部衝擊會使課程停止更新，系統隨之崩潰。

這時就需要用「存量」這個結構模組，增強系統適應力，應對意外。在這裡，存量表現為庫存。

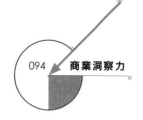

「得到」團隊要求所有老師，必須始終保持十節課的庫存，我對自己的要求則是30節。寫作是流（入）量，發布是流（出）量，30節課就是存量（見圖1-23）。

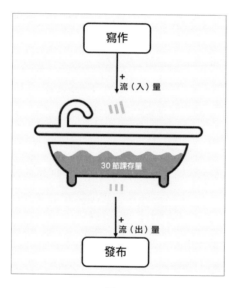

圖1-23

這個存量就像水庫一樣，雨季儲水，旱季排水，保持河流的水量穩定。

除了存量，「調節迴路」也可以提高系統的適應力。

比如，在新創公司中，計畫做得再好，只要開始執行，就會產生偏差。偏差愈大，結果就會愈差。這就需要週例

會這一重要的調節迴路不斷糾正偏差（見圖1-24）。

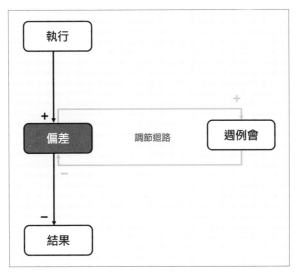

圖1-24

　　有的創業者覺得，開會是最浪費時間的事情。但這是個誤解，新創公司必須開週例會。上週走偏了一點？大家一起調整方向；效率不高？共同研究哪個方法不對；你和我做的事情有重複的部分？溝通一下，不要浪費資源。一個管理者，應該把90%的時間用於溝通，把90%的溝通用於討論風險，然後迅速調節。週例會是管理者與公司內部核心人員有效溝通的最佳方式。

雖然建立「存量」和「調節迴路」需要成本，但是，沒有「存量」和「調節迴路」的企業，員工就是拿健身的時間加班，最終也會以其他的方式給健康還債。用「存量」和「調節迴路」應對意外，可以讓系統保持健康的適應力。

自組織性

2019年1月，我帶領我的私董會企業家組員參訪了阿里巴巴。在那裡聽了很多、看了很多，其中一句話留給我的印象最為深刻：亂七八糟的生機勃勃，好過井井有條的死氣沉沉。

「亂七八糟的生機勃勃」，就是不執著於任何一種模型，不斷從有序回到混亂，再從混亂走向有序的「自組織」能力。就像在天空中飛翔著的一群大雁，雖然每隻大雁都是獨立的個體，可當它們聚在一起，就能一會兒飛成人字形，一會兒飛成一字形。這是因為後雁只知道一件事：死死跟住前雁。「前雁的位置，影響後雁」這個簡單的因果鏈不斷作用、層層疊加，傳遞到整體層面時，整體就會從混亂走向有序，展現出令人嘆為觀止的特徵。和

「大雁整齊的列隊」比較類似的，還有魚群絢麗的舞蹈、龍捲風死神般的旋轉等等。

阿里巴巴就是「亂七八糟的生機勃勃」最好的代言人。

2013年5月，陸兆禧接任阿里巴巴集團的CEO，兩年後，這個位置上的人就換成了張勇；馬雲說只做平臺、不賣商品，但很快就投資建立了「盒馬鮮生」；「來往」挑戰「微信」後一敗塗地，阿里巴巴立刻又做了一個「釘釘」……

雖然一個紀律嚴明、賞罰分明、不准越雷池半步的組織有極強的執行力，但這也是一個從此不再生長的組織，是一個「死於25歲，葬於75歲」的組織。為了防止這種情況出現，你可以成立一個「特區」，就像海爾的小微企業、騰訊的賽馬機制、華為的紅軍藍軍一樣，允許新的因果鏈、新的增強迴路、新的調節迴路、新的遲滯效應在混亂的特區裡進行新的嘗試，這樣才會看到驚喜發生。

沒有自組織能力的系統，是老化的、愈來愈不健康的系統。嘗試製造混亂，再使混亂變得有序，保持系統的活力。

層次性

　　2019年伊始，小米宣布組織調整，放棄創業之初「CEO—部門負責人—員工」的超級扁平化管理架構，設立了十個員工等級和層層匯報的制度。有人說小米墮落了，其實並不是。因為超級扁平並不代表先進，有合理層級的系統才健康。

　　比如，在人體系統中，有呼吸子系統、消化子系統、循環子系統；消化子系統裡，還有食道、腸、胃等器官；每個器官都是由細胞構成的。既然最終都是細胞在工作，那為什麼人沒有進化出一堆隨需而用、「超級扁平」的細胞群，讓這些細胞在人需要吃飯時全去負責消化，在需要氧氣時全去負責呼吸呢？

　　這是因為大腦無法直接管理人體內40萬億～60萬億個細胞。如果大腦和每個細胞說一句話，人的幾輩子就過去了。在這種管理方式下，人體系統的整個網絡會處於癱瘓狀態，這就是資訊風暴。資訊風暴讓沒有層次的複雜系統變得不可管理。

　　所以，進化給大腦這個CEO設置了幾個事業部：呼吸事業部、消化事業部、循環事業部，又在消化事業部下設立了食道部、胃部、腸道部，腸道部還下設小腸組和大腸組。這樣，當人吃過東西由胃進行消化時，大量只需要胃部內部溝通的資訊，就可以高效地在這個「局域網」內完成，不會造成「資訊風暴」。追求極端的增強迴路和喜愛平和的調節迴路也都有了自己的作用邊界，局部器官出問題不會危及生命。

　　對企業來說，也是同樣的道理。複雜是成熟的代價，沒有層級只能說明公司規模還小。所有對「超級扁平」的懷念，都是成年後對童年的緬懷。

　　在搭建系統模型時，你要時刻問自己：是不是在意外附近安放了存量，並設計了各種調節迴路應對風險？系統模型中，允許員工「自組織」還是凡事必須「井井有條」？有設計合理的層次結構嗎？一個能夠應對意外、自我成長，並層次有序的系統，才是健康的系統。

所有的難題，最終都是模型導致的難題；
真正的解決，最後都是改變模型的解決。
在學習用「變量、因果鏈、增強迴路、
調節迴路、遲滯效應」這五個結構模組
搭建模型後，我們就可以開始練習用搭
建好的模型解決難題了。

Chapter **2**

訓練場一：解決難題

一、還原大前提：
過去有效，現在失效，怎麼辦？

你遇到過這些場景嗎？高材生考進熱門科系，畢業時卻找不到工作；給用戶的補貼愈來愈多，但用戶熱情愈來愈低；很多人一直在學寶僑的多品牌管理方式，寶僑卻突然砍掉自己一半的品牌；以前給女朋友送花她很高興，結婚了她就開始罵你浪費……

這些場景看上去毫無關係，但戴上洞察力眼鏡，你會發現它們都有著相同的問題：大前提消失。

高材生考進熱門科系，畢業時卻找不到工作，也許是因為「熱門科系永遠如日中天」這個大前提消失；補貼愈來愈多，但用戶熱情愈來愈低，也許是因為「競爭對手的補貼不大」這個大前提消失；很多人一直學寶僑的多品牌管

理，寶僑突然砍掉自己一半的品牌，也許是因為「消費者獲得資訊的管道少」這個大前提消失；以前給女朋友送花她很高興，結婚了她就開始罵你浪費，也許是因為「你的錢不是她的錢」這個大前提消失。

　　這類問題的共同特徵是，過去有效，現在失效。要想解決這類問題，你需要先找到消失了的隱藏的大前提。

隱藏的大前提

　　我們在畫因果鏈時，心中一定隱藏著一些自己都沒意識到的大前提。比如，「點火→燃燒」的因果鏈中，氧氣充足是隱藏的大前提；「蘋果掉下來→砸到頭」的因果鏈中，存在重力是隱藏的大前提。

　　這些大前提過於理所當然，以至於你可能完全忽視，甚至根本「看不見」它們，直到突然怎麼點火也點不著了，蘋果居然往天上飛了，你也不知道問題所在。遇到類似的情況，你要告訴自己：這很可能是因為我「看不見的東西（隱藏的大前提）」不見了。

　　我曾經遇過這樣一個案例。

有家線下超市過去生意很好。可最近一兩年，消費者雖然依然會來逛，但大都看完不買，拿出手機在網路下單，然後空手走出超市。超市管理者不知道如何解決這一問題，於是找我諮詢：「潤總，我們嘗試了很多辦法讓消費者在我們超市買東西，比如買三送一、免費接駁車接送、給孩子送冰淇淋，但這些過去一直有效的方法，最近不那麼有效了。怎麼辦？」

我說：「這是因為一條『方法→效果』的因果鏈斷裂了。『過去的辦法』這個『因』，得不出『現在的有效』這個『果』。」

因果鏈之所以會斷裂，就是因為你「看不見的東西」不見了。

要知道這個「看不見的東西」是什麼，我們要先理解什麼是超市。

超市，在本質上是資訊流、資金流和物流的萬千組合。你在超市中看到琳瑯滿目的商品，可以查看商品的有效期限，真實地感受商品的手感，這是資訊流；挑好東西去收銀檯付款，這是資金流；走出超市，把東西拎回家，這是物流。

　　超市為了向你展示資訊流，花費了巨大的成本——租用店面、付水電費、僱用人力、買進庫存，卻沒有向你收費。為什麼？因為它決定通過資金流差價，收回資訊流成本。這就是超市的商業模式。（見圖2-1）

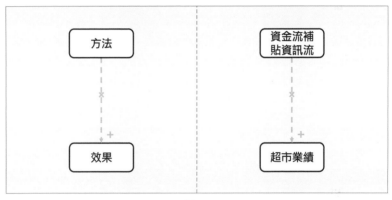

圖2-1

　　這個模式要成立，隱藏的大前提是超市相信80%～90%的顧客看中商品後都會購買。因為在超市買東西曾經是人們最好的選擇。

　　但是今天有了網路，資訊流、資金流和物流被切割了。人們可以在超市獲得資訊流，在網上完成資金流，最後通過快遞來完成物流。這意味著「80%～90%的顧客看中商品後都會購買」這個隱藏的大前提消失了。（見下頁圖2-2）

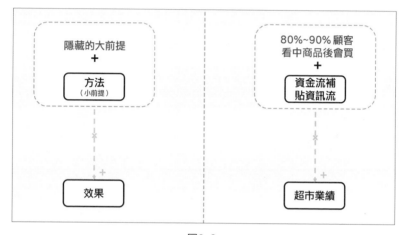

圖2- 2

還原了大前提，解決問題的方法就顯而易見了。

超市的經營者可以增加難以在網路買到的商品比重，比如餐飲、娛樂、洗衣、兒童樂園；可以改變商業模式，不賺差價，轉而向品牌商收取「資訊流展示費」；可以收取會員費，有償幫助用戶從全球採購最好、最便宜的商品。

 大前提的藏身之處

隱藏的大前提的可怕之處，就是你認為它們必然存在，絕不會錯，所以提都不會提，想都不會想。但是，所

有事物都會變化。一旦大前提真的消失了，整個模型就失效了。為了防止「大前提消失」帶來的「過去有效，現在失效」的問題，你需要在搭建模型、分析模型時，還原大前提。

怎麼還原？可以從以下三個方面入手，找到大前提可能的藏身之處。

第一，時間前提。

小趙經營了一個叫「你是第一個知道的」的公眾號，內容是他寫的辦公室八卦，每天中午12：30推送，沒想到閱讀量驚人地不錯。他對自己的寫作能力很是得意。於是，他又做了一個公眾號，叫「萬事我先知」，每天早上9：01推送，內容跟第一個公眾號差不多。但沒想到，這個公眾號的數據很差。

這是因為用戶的閱讀是有週期性的。每天上班路上、中午休息、晚上回家、睡覺前，是用戶最主要的閱讀時間。小趙的第一個公眾號會獲得成功，有個他自己可能都不知道的隱藏的大前提：推送時間。每天中午12：30是幾乎所有上班族中午休息的時間，因此第一個公眾號的閱讀量

高。相比之下，每天早上9：01，大多數上班族已經開始一天的工作了，第二個公眾號的閱讀量自然不高。

很多商業邏輯，都有時間前提。比如，公司採購有季節性，一年剛開始和快結束時，是公司最願意花預算的時候；不少創業成功的人，都是正好踩對了時間點，太早進入所屬產業會被凍死，太晚，賽道上已經很擁擠。

第二，空間前提。

小錢在一家網路公司附近開了家健身房，很成功，他認為自己找到了一套有效的健身房經營方法。可當他用這套方法在別處開第二家、第三家健身房時，都失敗了。為什麼？因為在第一次的成功中，有他自己沒意識到的、隱藏的「空間前提」：健身房正好開在了一家整天加班的網路公司旁邊。這是第二家、第三家健身房不具備的優勢。

很多商業邏輯，都有空間前提。比如，和闐玉在美國這個「空間」比較難賣，因為玉在美國人眼裡只是一種礦石。

第三，技術前提。

過去，人們借錢幾乎必須有抵押，沒有抵押至少也需要擔保，或者更大的機構授信。可是今天，一個人可以沒有任何抵押、擔保，就從螞蟻金服借出20萬元，因為「低成本的個人信用體系很難建立」這個大前提消失了。支付寶可以通過一個人的交易、人際關係等數據，構建個人信用體系。新技術打破了舊有技術建立的大前提，「貸款必須要有抵押」這個模式就不再成立了。

很多商業邏輯，都有技術前提。比如，曾經有一位美國老太太發現，人們用底片相機時有個巨大的痛點，就是一不小心打開後蓋的話，所有拍完的照片就都曝光了。於是，她發明了一種相機，能先把空白底片全部捲出來，然後拍一張將一張底片捲進膠卷盒。這樣，就算相機後蓋被打開，曝光的也僅僅是空白底片，美好的記憶不會消失。她的這個發明，據說被柯達以70萬美元的價格買走。但是，突然，技術前提改變了，數位相機出現，相機不再需要底片了。這個發明，以及這個發明背後的商業邏輯，都不成立了。創意再優秀，也沒用了。

　　雖然我們無法在畫因果鏈的最開始，就把所有大前提都列在紙上。但是我們要知道，一定有些我們看不見的事物是被默認存在的。一旦遇到「過去有效、現在失效」的問題，就可以從時間、空間、技術層面開始尋找隱藏的大前提。

二、突圍邊界牆：
為什麼雀巢的收入超過BAT總和

2019年春節，椰樹牌椰汁火了。它的產品包裝上不僅加入了性感美女的圖片，還印著「我從小喝到大」這樣疑似雙關語的廣告詞。網友評論：「做個正經的飲料不行嗎？感覺這幾年，『椰樹』在暴力美學的道路上愈走愈放肆，愈走愈自我。」

一個明明可以很高級的品牌，卻選擇這樣低級的宣傳方式，到底是為什麼？這是因為「椰樹」的增長撞上了系統的邊界。

1988年，海口罐頭廠（椰樹集團前身）推出椰汁後，業績持續迅猛增長。四年後，它就從虧損企業變為中國500強。2014年，椰樹集團的產值甚至高達44億元。但從此之

後，它的產值就在43億、40億、42億之間來回波動，止步不前，無法跨越*。

「止步不前，無法跨越」，每當看到這樣的表述，我就知道，這家企業多半是撞上了系統的邊界。因為不是努力就能增長，無論發展速度多快、多麼勢不可當的公司，最終都會撞上自己的「邊界牆」。

從系統動力學的角度來看，邊界牆就是一種特殊的調節迴路。一般的調節迴路會像抵抗橡皮筋愈拉愈長的力一樣逐漸將增長限速。但是邊界牆這一特殊的調節迴路，就是豎在前方的鋼鐵南牆，一撞上去就頭破血流，沒有迴旋餘地。**邊界牆是由剛性約束條件設定的系統增長的極限。**

那麼，是什麼剛性約束條件設定了椰樹椰汁增長的極限？是椰汁產業的用戶規模。從小環境來看，椰樹牌在椰汁領域的市場占有率已超過55%；從大環境來看，整個飲料產業逐年疲軟，2017年第一次出現全面下滑。也就是說，由椰汁產業用戶規模設定的邊界牆就在眼前。

---

*資料來源：《出格廣告背後的椰樹集團：員工持股會全資控股，營收增長停滯》，澎湃新聞，
　2019 年 2 月 15 日。

　　怎麼解決這一難題呢？我們可以從遇到過類似問題的雀巢公司的例子中找到答案。

突圍的雀巢公司

　　1867年，雀巢公司在瑞士成立，主要營業產品是嬰兒營養麥片粥。當時瑞士一歲以下的嬰兒死亡率高達20%，吃了雀巢麥片粥的嬰兒，健康情況非常好。雀巢的產品因此一炮而紅。雀巢後續開發的煉乳和奶粉也非常成功，公司發展勢不可當。

　　然而到了1921年，戰後軍隊對罐裝奶粉的需求下降，奶粉市場突然飽和。這導致雀巢奶粉價格下跌，庫存居高不下。雀巢遭遇了奶粉市場規模的剛性約束。雀巢第一次，也是歷史上唯一一次，出現了虧損。

　　如何解決這一問題？宣傳奶粉能抗癌，然後咬牙努力賣嗎？

　　不對。雀巢沒有強攻受到剛性約束的奶粉市場，而是選擇突圍——它發明了即溶咖啡。這為雀巢打開了一條全新的賽道，讓雀巢重回增長。今天，你甚至可能認為，咖啡

才是雀巢，雀巢就是咖啡。雀巢就這樣繞開了奶粉市場的剛性約束，找到了一個全新且巨大的「潛在用戶」群，突圍了邊界牆。（見圖2-3）

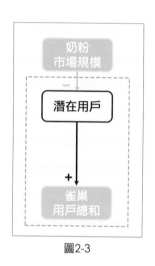

圖2-3

之後的雀巢先後開發或收購了美極濃湯、雀巢冰激檸檬茶、愛爾康眼科、膠囊咖啡、沛綠雅、奇巧巧克力、寶路薄荷糖、巴黎萊雅眼霜、徐福記、Cat Chow貓糧、太太樂雞精等數百家公司。而這些產品或公司都會遭遇市場規模的剛性約束，一旦哪個模組的主要營業業務增長到撞上了由剛性約束設定的邊界牆，雀巢就會賣掉它。（見右頁圖2-4）

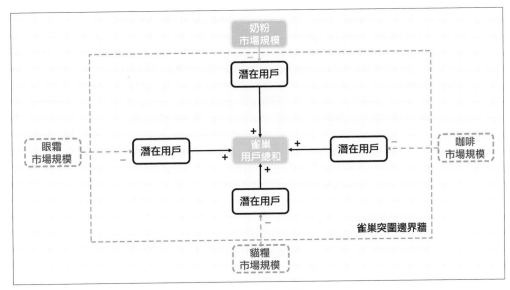

圖2-4 雀巢部分業務

2018年，雀巢因為不斷突圍邊界牆，收入高達6185.7億元人民幣，超過BAT（百度、阿里巴巴、騰訊）的收入總和。

椰樹集團要想解決自身發展面臨的問題，應該學習雀巢，不要強攻，而去突圍：去調查一下，椰肉的市場是不是還有很大的增長空間？椰子酒的市場呢？椰子面膜、椰奶沐浴乳呢？在任何一個遠離剛性約束的市場上抓取潛在用戶，都有機會帶來新的增速。

「剛性約束」的四種類型

戴上洞察力眼鏡，你不僅要看到系統的「增長動力」，還要看到「剛性約束」。增長都有極限，系統都有邊界。讓一個野心勃勃的CEO承認增長有極限確實很難。但只有承認有極限，才能突圍邊界牆，這是CEO的重要職責。

那麼，當止步不前、無法跨越障礙時，怎麼判斷是因為努力不夠，還是遇到了必須繞行的「邊界牆」呢？

這就需要你瞭解剛性約束的樣貌。下面四種剛性約束，你應該貼在辦公桌上，時刻關注它們是否就在不遠處。

第一，市場規模。

椰樹和雀巢，遭遇的都是市場規模的剛性約束。

如果你經營一家便利商店，你的市場規模剛性約束大約就是方圓一公里內的3000戶人家。如果你要拍一部電影，你的市場規模剛性約束就是電影上映期間全國電影院六萬多塊銀幕前能坐得下的觀眾。這是「整體潛在市場」（total addressable market）。同時你要注意，電影的題材也會決定市場空間，比如動作大片的市場就大於文藝片。你還需要

注意，市場上除了你還有其他玩家。競爭對手的強弱，決定你觸及整體潛在市場的難度。

一旦你接近了整體潛在市場，不要戀戰，盡快轉換陣地。

第二，資源限制。

靠「我認識誰」創業的創業者，掌握的資源既是優勢，也是剛性約束。因為不管這些人掌握的資源是大是小，都會很快觸及極限。

靠個人能力創業的創業者，時間是他們的剛性約束。比如，在諮詢業中能力強的創業者會擁有大量的客戶，時間被安排得滿滿當當，很快就到達了邊界牆。漲價也無法解決諮詢業的時間剛性約束問題，只會延遲這個問題的到來。

靠土地資源、稀有礦產資源，以及某個人的獨家手藝等不可再生資源或能力創業的創業者，他們的剛性約束的邊界牆也在不遠處。

想要避免上述情況，可以試試把自己的商業模式建立在

高速可再生資源上，比如知識、流程、專利技術。

第三，法規政策。

有些公司在規模小的時候經營不規矩，比如，不繳稅、不繳納社會保險、抄襲別人的專利、做虛假宣傳。等到稍微做大，一轉身就會撞到法規政策的邊界牆。所有這些在小的時候耍過的小聰明、賣弄過的小機靈，長大都沒用了。所以，一定要合規經營公司，不然它永遠長不大。

第四，技術限制。

我上中學的時候，英特爾的CPU（中央處理器）是286、386、486；我上大學的時候，是奔騰I、奔騰II、奔騰III。現在，我們很少看到英特爾宣傳它的CPU到「X86」「奔騰X」了，因為遭遇了技術的物理極限，單純的計算速度提升已經不可持續。

每一項技術的發展都會遭遇極限。Windows操作系統發展到現在已經足夠好了；蘋果手機再強大，也幾乎發展不出什麼新花樣了。產品一旦足夠好，就觸及了技術的剛性約束。

那怎麼辦？是時候從奶粉，轉為研究「即溶咖啡」了。

剛性約束會設定系統的邊界牆。因為路徑依賴，你會很自然地對剛性約束發起總攻。但是，面對這堵「鋼鐵南牆」，繞行突圍也許才是正確的方法。你需要先識別邊界牆，然後尋找新的「非剛性約束」增長點進行突圍。你會在短暫的減速後，重新加速前行。這就是為什麼我們說：前途是光明的，道路是曲折的。

三、安裝緩衝器：
如何對沖風險

每當有人問我：「潤總，我最近的業績起起落落、頻繁波動，怎麼辦？」我就知道，他很可能缺了緩衝器。

緩衝器，是專門用來平衡流（入）量波動的存量。從系統的角度看，緩衝器的本質，是一個用來「緩緩釋放瞬間衝擊」的存量，它是自然界和商業界的法寶。

理解緩衝器

我列了以下幾個場景，可以幫你更好地理解緩衝器。

場景一。某地區，不下雨就發生旱災，下大雨就發生水災，這是為什麼？該地區很可能缺少了一個叫作「水

庫」的緩衝器，用以緩緩釋放由上游流水量不穩定帶來的衝擊。

如果沒有水庫，任何一段河床中水的流（入）量，都是上一段河床即刻的流（出）量，沒有存量。因此，只要上游的水的流量不穩定，下游就會時而旱、時而澇。而一旦連接了水庫，水庫的存量就是一個緩衝器。到了雨季，水庫的水位升高；到了旱季，水庫的水位降低。不管上游的流水量多麼不穩定，只要水庫不見底、不溢出，下游就會獲得平滑穩定的流（入）量。（見圖2-5）

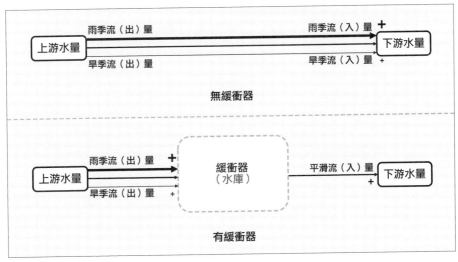

圖2-5

場景二。某手機廠商，因為相機供應商斷貨，手機上市時間推遲了二週，這是為什麼？該廠商很可能缺了一個叫作「配件庫存」的緩衝器，用以緩緩釋放由供應商不可靠帶來的瞬間衝擊。

場景三。公司發展一直不錯，沒想到現金流突然斷裂，幾百人的公司一夜之間倒閉，這是為什麼？該公司很可能缺了一個叫作「安全現金流」的緩衝器，用以緩緩釋放由收入突然不穩定帶來的瞬間衝擊。

場景四。專案開始時人手總是不夠，專案結束時人手總是多餘，這是為什麼？該企業很可能缺了一個叫作「公共人才庫」的緩衝器，用以緩緩釋放由專案突然集中開始進行帶來的瞬間衝擊。

沒有緩衝器，輕則波動，重則倒閉。但是，在上述場景中，緩衝器的缺失似乎顯而易見，這麼簡單的事需要專門諮詢商業顧問嗎？CEO怎麼會連這一點都不知道呢？

然而現實情況是，愈優秀的CEO，愈容易因為缺乏緩衝犯錯。因為，愈優秀的CEO，往往愈追求極致的效率。

日本曾經有一個著名的管理制度——JIT（Just In Time），中文翻譯為「即時生產」。這是索尼（Sony）非常引以為豪的制度。

比如，索尼的生產線要生產某個電子產品，按照流程，今天下午3：00要裝配某個元件。對一般公司來說，下午2：00把元件從倉庫裡拿出來就可以了。但索尼不備元件庫存，為了追求極致的效率，它會提前通知元件供應商，必須在下午2：30把相應數量的元件送到指定地點。然後索尼立即卸貨，將元件直接送入生產線開始生產。

即時生產的效率雖然高，但是萬一上游供應商沒有按照約定及時送貨，索尼的生產線就必須馬上停工。一個元件耽誤幾天，整個生產週期就要耽誤幾天。電子產品的生產週期會隨著上游的供貨風險出現強烈的震盪。

兩個「必要緩衝器」

提高效率雖然是商業進步的方向，但是很多對效率的極致追求，其實都是對緩衝器的放棄，這會帶來巨大的風險。

如果一家企業為了提高效率不備庫存，商品的生產週期就會有波動的風險；為了提高效率把所有現金都拿去進貨，就會有因現金流斷裂而倒閉的風險；為了提高效率不養「閒人」，在啟動新的重大專案時就會面臨無人可用的風險。

懂得犧牲一定的效率，用必要的緩衝器對沖風險，才是成熟的CEO的表現。那麼，一個CEO應該安裝哪些必要的緩衝器來對沖風險呢？

第一，安裝應對「缺乏型波動」的緩衝器。

缺乏型波動是指流（入）量一旦缺乏，就會給系統帶來風險。

比如，專案進行到關鍵階段時，團隊中突然走了兩個核心工程師，這就是人才的缺乏型波動。公司可以在專案開始前多招5%的工程師，用必要的存量緩衝突然缺人又來不及招聘的風險。

再比如，用戶突然集體提取銀行存款、共享單車押金，銀行、共享單車公司卻無法滿足每個用戶的需求，這是現金流的缺乏型波動。銀行要有強制的存款保證金制度，共

享單車公司應該把一定比率的押金存在第三方託管帳戶中，緩衝波動的提款需求。

第二，安裝應對「過剩型波動」的緩衝器。

過剩型波動是指流（入）量像洪水一樣傾瀉下來，會給系統造成無法承受的負擔。應對過剩型波動，需要安裝足夠大的蓄水池。

比如，專業登山車通常都有一個像彈簧一樣的避震器，它相當於「能量蓄水池」——用物理壓縮的方式，儲蓄震動帶來的過剩能量，再通過回彈，將能量平緩釋放。有了這個能量蓄水池，你在騎登山車時就不會覺得一直很顛簸。

再比如，軟體公司閒下來時沒事做，還要給員工發工資，這是人才的過剩型波動。可以將暫時沒有參與專案的過剩工程師安排進一個「農閒專案」，讓他們做點別的事。公司可以讓工程師把自己在專案中積累的代碼做成中介軟體，也就是那些並沒有實際功用，只起連接作用的軟體。這樣一來，就可以提高未來做專案的效率。等新專案來了，工程師可以隨時去做；退出專案後，再繼續做中

介軟體。這種「農閒專案」，就是軟體公司過剩人才的蓄水池。

　　緩衝器是解決波動的重要工具，但是要記住：緩衝器足夠用就好。因為緩衝器不僅有成本，還會降低系統響應變化的速度。

四、跨越臨界點：
一直挺好，突然變了，
如何解決停滯問題

液態的水到達一定溫度時，會突然變成氣態；某互聯網公司一直發展得很好，可到了C輪融資階段突然陷入困境，投資人、媒體全消失了；客戶一直是你產品的忠實用戶，卻突然有一天投奔了你的競爭對手，頭也不回；公司業績一直高歌猛進，突然某天利潤停止增長，收入50億元和收入5億元時，賺的淨利一樣多。

這個世界上，為什麼有這麼多「突然」的事情呢？戴上洞察力眼鏡，你會發現，這些「一直挺好，突然變了」的現象背後，其實都有一個同樣的系統結構：臨界點。

臨界點的本質作用

臨界點的本質作用，是主導結構模組之間的切換。

以互聯網公司的「C輪死*」為例。大家都以為「C輪死」只是創業團隊融不到錢，但如果用系統動力學透視一下，你會發現「C輪死」沒那麼簡單。

在互聯網公司的發展過程中，最重要的資源是用戶。用戶愈多，公司就愈值錢。創業伊始，互聯網公司A和互聯網公司B都拚命燒錢獲得大量用戶。用戶數量增多，會給公司帶來更多投資；更多的投資使公司有更多錢可燒，用戶增長也就更快。A、B兩家公司，各有一條「燒錢驅動」的增強迴路，作為主導結構模組。

但這種「燒錢驅動」的增強迴路很快就遭遇了「總用戶規模」這個剛性約束，撞上了邊界牆。這時，公司A和公司B都只能搶對方的用戶。A搶到的用戶愈多，B的用戶就愈少。甚至，當A搶到「足夠多」的用戶時，B的用戶發現留在B陣營的價值愈來愈低，會主動投奔A。

＊在創投圈中，絕大多數走到B輪融資的公司，都拿不到C輪融資，創業計畫就會因陷入困境而死。

　　這樣一來，「網路效應驅動」這一增強迴路突然取代了「燒錢驅動」的增強迴路，成為系統的主導結構模組。（見圖2-6）

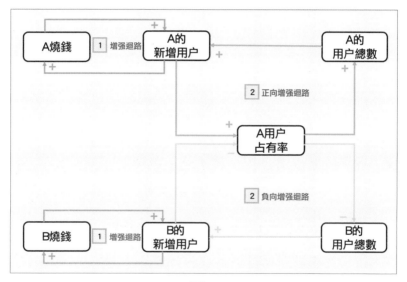

圖2-6

　　所以，公司A和公司B之間比的不是誰先到達終點，而是誰先到達「足夠多」這個臨界點。一旦到達臨界點，用戶多的公司用戶數量會愈來愈多，呈指數級增長；用戶少的公司用戶數量會愈來愈少，呈雪崩式墜落。從此，勝負已分，之後A、B公司之間的遭遇戰，只不過是打掃戰場而已。

　　而這個臨界點，有很高的機率會出現在公司進行C輪融資的時候。輸的一方會在這個臨界點遭遇「C輪死」，這時投資人是不會再下注一個勝負已分的比賽的，他們會果斷認輸離場，於是「投資人、媒體全消失了」。

　　這就是系統中主導結構模組的切換，它常常突然發生，並且驚天動地。

臨界點的四種類型

　　很多人會在商業計畫書中畫一張直線型增長的預測圖。但真實的商業世界中並沒有完美的直線型增長。在企業發展之路上埋伏的，是各種因主導結構模組切換帶來的臨界點。如果你可以跨過臨界點，就能繼續前行；一旦沒跨過去，就得換一條路再來。

　　那麼，商業世界有哪些因主導結構模組切換帶來的臨界點，等待著你跨越過去呢？

第一，質變點。

　　我們都聽說過「從量變到質變」。所謂質變，就是存量

超過某個臨界值突然導致的「因果鏈切換」。

比如，水在100℃時，會從液態變成氣態，100℃就是水的「質變點」。超過100℃這個臨界值後，系統的主導因果鏈就會從「加熱→水溫升高」，切換為「加熱→氣溫升高」。（見圖2-7）

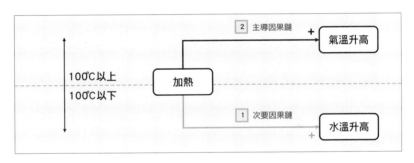

圖2-7

當溫度降低時，氣態的水還能變回液態。但在商業世界中，不少因果鏈一旦切換就不可逆了。

比如，「客戶抱怨」這個存量愈來愈高，會體現為投訴電話愈來愈多。但如果突然有一天，客服連一通投訴電話都接不到，這不一定是客戶滿意了，而可能是他們全都離開了。當因果鏈由「客戶抱怨→投訴」切換為「客戶抱怨→離開」，整個過程就不可逆了。

第二，引爆點。

在前文互聯網公司A和互聯網公司B的案例中，A公司成功跨越的就是引爆點──存量超過某個臨界值後，會啟動一個正向增強迴路。跨越引爆點的關鍵，是向臨界值衝刺。

那這個臨界值在哪裡呢？

以做產品為例，把產品做到多好，才是「足夠好」呢？答案是：要好到「用戶忍不住發朋友圈」。這樣一來，一個用戶忍不住發朋友圈，可能會幫你獲得500個潛在用戶。

這些潛在用戶中也許會有100人購買你的產品，其中有20人最終成為你的忠實用戶。而這20個忠實用戶中，又有四人忍不住發朋友圈。一個正向增強迴路就這樣形成了。

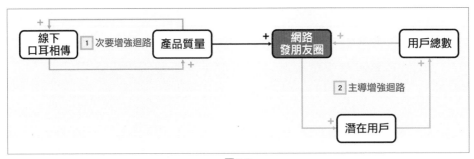

圖2-8

一條朋友圈變成四條，如此往復，最終會引爆整個同溫層。（見左頁圖2-8）

第三，滅絕點。

在前文互聯網公司A和互聯網公司B的案例中，A公司的引爆點就是B公司的滅絕點——存量低於某個臨界值後，會啟動一個負向增強迴路，使公司走向崩潰。

比如，遺傳學中有一個「最小可存活族群」（minimum viable population）的概念。它的意思是：在100～1000年內，一個物種為了有90%～95%的存活可能，所需要的最小個體數量。有人通過電腦模擬推演出這個數量是4169。也就是說，一旦一個物種的數量小於4169，因為世代疊加的交配難度，物種就會走向滅絕。4169，就是物種的滅絕點。

企業中也有很多類似這樣的滅絕點。比如，有的公司在不景氣時為了追求利潤，會砍掉研發人員。如果研發人員少於某個臨界值，產品品質就會下降；產品品質下降，公司收入就會減少；公司收入減少，只能繼續砍掉研發人員。一旦研發人員的數量少於滅絕點，公司就會加速衰

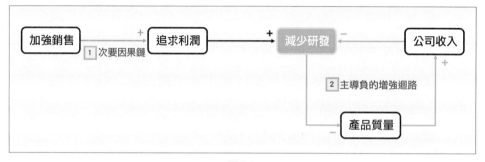

圖2-9

敗。（見圖2-9）

第四，失速點。

所謂失速點，就是存量增長到某個臨界值後，會啟動一個剎車式的調節迴路。

舉個例子。有一次，我和一家正在高速發展的網路公司的人吃飯。他們問我對公司發展有什麼建議。我說：「你們的公司很快會遭遇『失速點』，建議盡快布局線下。」

我之所以這麼說，是因為雖然這家公司的產品品質確實很好，「新增用戶」因此飛速增長；新增用戶的增長，使產品的「存量用戶」擴大；存量用戶擴大，也就降低了可開發的「潛在用戶」總數。這家公司所在的賽道，市場規模非常有限，當存量用戶到達一個很高的臨界值後，潛在

用戶的短缺會像剎車一樣限制新用戶增長，使新用戶增長
得愈來愈慢，直到增速幾乎為零。

　　所有增長都會遭遇「剎車式調節迴路」，只是有早有
晚。上述公司所在賽道的市場規模非常小，因此它遭遇該
調節迴路的時間就比較早。這個時候，只有透過發展線
下，擴大潛在用戶的規模，突圍邊界牆，才能重新獲得增
速。（見圖2-10）

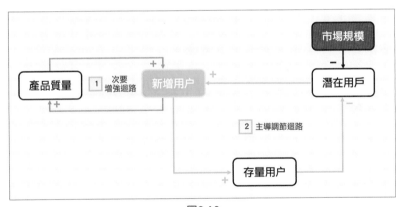

圖2-10

　　「一直挺好，突然變了」這樣的突變問題背後，很可能
有一個臨界點。戴上洞察力眼鏡，時刻關注並準備隨時跨
越這些臨界點，是解決這類的有效方法。

五、找到根本解：
普通人改變結果，
優秀的人改變原因，頂尖高手改變模型

媽媽看見孩子的鞋帶掉了，會怎麼辦？

普通的媽媽會斥責孩子：「教你這麼多次，還是不會。」然後蹲下身幫孩子把鞋帶繫好。這位媽媽眼中看到的是「沒繫好」這個結果。幫孩子，是「症狀解」。

優秀的媽媽會提醒孩子鞋帶掉了，並在孩子自己繫鞋帶的過程中，觀察他繫鞋帶的方法有什麼問題，然後手把手地教他。這位媽媽眼中看到的是「不會繫」的原因。教孩子，是「原因解」。

　　頂尖的媽媽會發現，原來是外公外婆在每天幫孩子繫鞋帶。這位媽媽改變模型，禁止代勞。結果孩子摔了幾跤之後，鞋帶繫得比媽媽還好。這位媽媽眼中看到的是「不想學」的模型。讓孩子想學，是「根本解」。

　　不過，在我這個爸爸眼中，我能提出的「根本解」是給孩子穿沒有鞋帶的鞋子。

　　普通人改變結果，優秀的人改變原因，頂尖高手改變模型。改變模型，就是改變系統中結構模組之間的關係，讓結果自己發生。這是一切問題的根本解。

　　那麼，在商業世界裡，企業該如何改變模型、找到自身發展的根本解呢？

如何打破「巨信」贏家通吃的局面

　　如今，微信已經成為我們日常生活中必不可少的工具。它特別有用，它的設計者也十分重視用戶體驗。

　　但是，假設今天成功的不是微信，而是另一個聊天軟體「巨信」（虛擬公司）。「巨信」在用戶使用過程中不斷侵犯用戶隱私、每天強推廣告，甚至悄悄扣費，用戶

投訴無門。你對它恨之入骨，可你所有的朋友、同事、客戶……都在使用巨信，你無法棄之不用。監管部門在收到大量關於巨信店大欺客、欺壓用戶的投訴後，責令巨信整改，巨信卻自恃無人能敵，應付了事。這個局面該如何打破？

想解決問題，要先知道問題出在哪裡。戴上洞察力眼鏡，你會發現，是「網路效應」帶來的贏家通吃讓巨信如此為所欲為。

如果只能選擇一款聊天軟體（IM），人們自然會選擇周圍人都在使用的那一款。假設巨信每月活躍用戶數（MAU）已經超過10億，為了和更多朋友保持聯繫，你當然得使用巨信。你選擇使用巨信，你的朋友就更有可能使用巨信。這樣一來，巨信的用戶會愈來愈多，其他聊天軟體的用戶會愈來愈少。（見右頁圖2-11）

巨信就這樣變得有恃無恐。怎麼打破這一局面？有人提出了三個治理巨信的建議：

（1）設立專項服務監督小組，每天監聽巨信的客服電話，傾聽用戶聲音，提出整改意見；

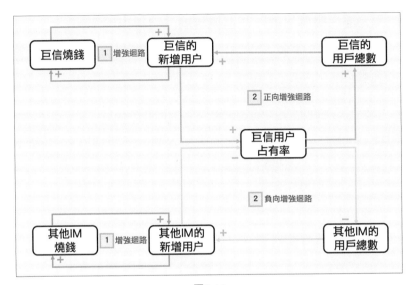

圖2-11

（2）安排重視用戶的優秀公司向巨信傳授服務經驗；

（3）要求中國移動開發一款「移動信」，制衡巨信。

如果你是監管人員，會採取哪條建議？

最好一個都不要採納。因為監聽電話解決的是「改什麼」的問題，傳授經驗解決的是「怎麼改」的問題，它們都無法解決「我不願改」的根本問題。開發「移動信」也為時已晚，它根本無法撼動巨信的地位。

　　要想從根本上治理巨信，就要改變巨信的商業模型。這就需要頒布一個規定：巨信和微信、米聊等聊天軟體，必須允許用戶跨平臺互加好友。

　　在這一規定下，巨信用戶可以添加微信、米聊好友，微信、米聊用戶也可以添加巨信好友。巨信、微信、米聊，甚至來往、易信、子彈短信*的用戶，都可以在一個群組裡聊天。

　　如果巨信繼續侵犯用戶隱私、每天強推廣告，那用戶就可以使用微信、米聊。如果微信、米聊也這麼做，那用戶就用來往。總之，不管用戶安裝什麼聊天軟體，都可以和所有人聊天。

　　用戶選擇聊天軟體的標準，再也不是「大家用哪個，我就用哪個」，而是「哪個把我當成上帝，我就用哪個」。這樣一來，巨信的網路效應就被一針刺穿了。（見右頁圖2-12）

　　從此以後，任何聊天軟體敢動一點「侵犯隱私、強推廣告、悄悄扣費」的念頭，用戶就可以毫不猶豫地「攜號轉

---

*來往、易信、子彈短信都是社交軟體，分別由阿里巴巴、網易和錘子科技推出。

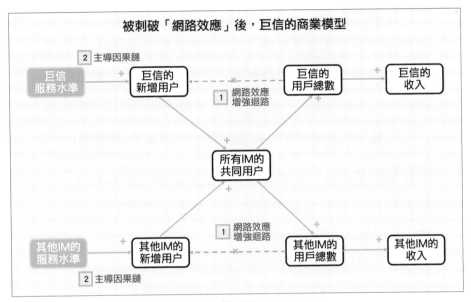

被刺破「網路效應」後，巨信的商業模型

圖2-12

網」。監管部門通過頒布一個規定，不費一兵一卒，就澆滅了贏家通吃者的囂張氣焰。

 如何讓微軟的員工餐廳變得更好吃

1999年我剛加入微軟的時候，微軟的員工餐廳不如現在優秀。員工很快就厭倦了餐廳的菜品，希望改變，但是供應商卻沒有改變的動力。該怎麼解決這個問題呢？

　　開會分析菜品的口味？向IBM的員工餐廳學習優秀經驗？都行不通，因為這些方法最終會提升供應商的成本，他們不會願意。這就形成了一條「成本提升的調節迴路」。（見圖2-13）

圖2-13

　　最後，微軟行政部發布了如下規定：

　　（1）選擇兩家供應商，一家提供午餐，另一家提供晚餐；

　　（2）每三個月調查一次員工更喜歡午餐還是晚餐；

　　（3）如果更多的員工喜歡晚餐，就將午餐、晚餐的供應商對調；

　　（4）如果午餐的供應商連續六個月都勝出，就更換晚餐供應商。

　　微軟之所以設計這樣的規定，是因為午餐的消費量遠遠

大於晚餐，兩家供應商都想做午餐。於是，「成本提升的
調節迴路」旁邊就增加了一條「收入提升的增強迴路」。
（見圖2-14）

　　為了不被淘汰，甚至可以一直提供更賺錢的午餐，供應
商們開始變著花樣給員工提供好吃的、好喝的。員工餐廳
令員工不滿、供應商又不願改變的問題，通過改變模型得
到了解決。

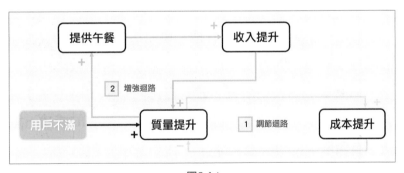

圖2-14

　　我希望你最終明白一句話：普通人改變結果，優秀的人
改變原因，頂尖高手改變模型。

商業離不開人。這一模組，我們將一起
訓練如何用洞察力「看透人心」，洞察「人」
這個商業系統中最大的變量。接下來，
我會帶你依次看懂人對於集體、群體以
及個體的影響，然後從更底層的維度去
解決管理難題。

Chapter

3

訓練場二：看透人心

一、上下同欲：
如何讓你的計畫，成為員工的計畫

我們常常聽說：「當個人利益與集體利益發生衝突時，要顧全大局。」但是現實中，人們真的會這麼做嗎？下面是一個真實的案例。

美國大西洋與太平洋茶葉公司（The Great Atlantic & Pacific Tea Company）的營收增長一度遭遇巨大阻力，員工的薪酬卻始終居高不下，公司因此陷入財務危機；財務危機又導致公司不得不大規模關店，接著員工陷入失業危機；失業危機，最終令員工的高收入即將不保。

解決眼前生死危機的方法有兩個：要麼降薪，要麼裁員。不然就會導致公司破產，大家同歸於盡的局面。

但是，公司管理層在和工會談判後發現，工會只同意

裁掉一些臨時工和薪酬較低的年輕人。而這對公司來說只是杯水車薪，於事無補，於是經營狀況愈來愈差。即使大家都知道問題所在，但在集體中，每個個體為了自己的利益，寧願一起赴死，也不願共度難關。

在電影《天下無賊》中，黎叔說：「人心散了，隊伍不好帶啊！」此時此刻，這家茶葉公司CEO的心情，大概也是如此。

但是，人心真的散了嗎？隊伍真的不好帶了嗎？其實，人心沒有散過，它從來都有自己的方向，只是有時和你不一致。商業系統不是鐘錶，裝上電池就一定會走；商業系統也不是音樂盒，上了發條就一定會響。商業系統，是由「人」構成的。鐘錶、音樂盒的每個零件，只需要知道該「如何做」（know how）；而人，還需要理解「為什麼」（understand why）要這麼做。

🔍 特殊的社會系統

為什麼一定要理解「為什麼」？華頓商學院的羅素‧艾可夫（Russell Ackoff）教授說：「因為公司是個『社會

系統』。」

　　羅素・艾可夫是系統動力學的泰斗，他在1957年出版的《運籌學》（*Operational Research*）一書把科學界的系統研究方法帶入了企業管理。他認為，這個世界上一共有四種系統。（見圖3-1）

羅素・艾可夫：四種系統	
系統有意識 **生物系統** 人體，貓體，狗體 變量無意識	系統有意識 **社會系統** 家族，公司，國家 變量有意識
變量無意識 **機械系統** 手錶，汽車，飛機 系統無意識	系統無意識 **生態系統** 城市，自然，宇宙 變量有意識

圖3-1

（1）機械系統

　　比如鐘錶。鐘錶作為系統，是沒有意識的。它不會對你說：「我有個夢想。」鐘錶的零件也沒有意識，它不會對鐘錶說：「我今天心情不好，想請個假。」

　　手錶、汽車、飛機，都是機械系統。

（2）生物系統

比如人體。人作為系統，是有意識的。人會追求生存和繁衍，追求幸福生活。但人體系統中的變量——器官，是沒有意識的。假設一個人為了買新款iPhone，賣掉一個腎，腎不會感到被拋棄的悲痛。

人體，貓、狗等的身體，都是生物系統。在生物系統中，局部沒有「個人英雄主義者」，只有「集體主義精神」。

（3）生態系統

比如自然。自然作為系統，是無意識的。陽光明媚、山崩地裂，都和情緒無關，只是局部變化湧現到整體的現象。但自然系統中的變量——組成自然的生物體，是有意識的。鳥獸魚蟲，豬狗牛羊，會為了生存而相互競爭、合作。

城市、自然、宇宙，都是生態系統。

（4）社會系統

比如公司。公司作為系統，是有意識的。公司想要規模的擴大，想要利潤的增長。公司系統中的變量——公司的每個員工，也是有意識的。員工認可公司，就會付出自己的滿腔熱情；不認可，就只會將它當成一份工作。

家族、公司、國家，都是社會系統。社會系統是唯一一個系統、變量都有意識的系統。

管理者之所以會有「人心散了，隊伍不好帶了」的感慨，是因為公司是個擁有雙意識的社會系統，在這個系統中，人心和隊伍的意識沒有統一。

理解了這四大系統，你就能理解「寧願一起赴死，也不共度難關」的原因。

管理者總是強調「我是老闆，你必須服從」，這是把員工當成機械系統上無意識的零組件，這種管理方式一定會遭遇反彈；管理者總是宣講「集體主義精神」，這是把員工當成了生物系統裡隨時可以犧牲的器官，這種管理方式只會激發員工的求生欲。

那茶葉公司該怎麼解決這一問題呢？

所有問題都是尚未化解的衝突。茶葉公司聯繫了華盛頓大學管理學院，得到一個建議：由工會員工買下關閉的門市。

茶葉公司對這個辦法半信半疑，但還是進行了嘗試。兩週後，600名工會成員主動掏出5000萬美元成立了收購基金。公司大吃一驚。

隨後，公司和工會達成協議：

（1）重開20家門市，工會購買其中4家。

（2）工會同意減薪，並縮短假期。

（3）如果人力成本低於總收入的10%，員工可以獲得1%的毛利分紅；如果低於9%，就增加分紅。

很快，茶葉公司重開20家門市的計畫擴增為29家；在當時國家失業率最高的狀況下，茶葉公司還僱用了2015名員工；第二年，茶葉公司迎來了幾年來的第一次盈利。

為什麼華盛頓大學管理學院的建議這麼有用呢？因為這條建議改變了原有的模型，把員工收入建立在門市利潤

上，從而啟動了兩條正向增強迴路（見圖3-2）：

（1）員工收入愈多→努力程度愈大→門市業績愈高→員工收入愈多；

（2）員工收入愈多→收購基金愈多→門市數量愈多→員工收入愈多。

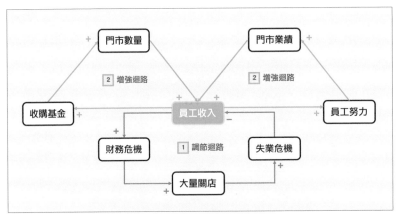

圖3-2 華盛頓大學管理學院建議的系統循環圖

所以，根本不存在「人心散了，隊伍不好帶了」的問題。改變模型，實現上下同欲，是在社會系統中管理人心的根本解。

設計「上下同欲」模型的兩個要點

艾可夫教授對管理界最大的貢獻是讓人們明白：企業有義務服務於員工，員工是獨立的利益相關者，而不是哪裡需要就去哪裡的螺絲釘。

那麼，如何設計「上下同欲」的模型，在集體中管理人心呢？有兩個要點。

第一，參與約束。

如何約束人這個變量，讓他們參與你的系統，而不是別人的系統呢？答案是：讓他們可能獲得的收益更多。

比如，茶葉公司的裁員減薪計畫就不具備「參與約束」效果。為公司存亡，員工要麼被降薪，要麼被裁員，他們還不如死扛下去。所以，他們肯定不會參與茶葉公司原本的計畫。這不是因為人心難測，而是不划算、不值得。必須讓有意識的個體，獲得超出預期的收入。

那麼，應該如何設計參與約束呢？可以採取以年薪制取代月薪制的方法。

年薪就是綁定了公司目標的員工年度總收入。它包括帶來安全感的工資，回報達成目標的獎金和超額業績獎勵。年薪的數字一定要大於員工的期待，這樣才有讓員工坐下來研究公司目標的可能，才能產生參與約束的效果。

第二，激勵相容。

簡單來說，激勵相容就是承認人性的自私，用正確的機制讓「自私」而不是「集體主義精神」成為大家共同獲益的原動力。

茶葉公司的工會投資計畫就具備「激勵相容」的效果。在兩個新的正向增強迴路中，個人利益和集體利益是一致的，員工為了「多賺錢」這個私利，唯有「努力工作，加大投資」，而這兩個動作，也必然為公司帶來愈來愈多的盈利。

實際上，每家公司都應該制訂一個超額業績激勵計畫。如果銷售人員超額完成了目標、開發人員提早完成了計畫、客服人員收到了客戶送來的錦旗，這些員工卻沒有因此獲得「私利」，那他們為什麼不選擇懶惰？

制訂超額業績激勵計畫，符合「員工愈自私，公司愈盈利」的原則。

現代管理學之父彼得・杜拉克（Peter Drucker）說過：「管理的本質，是激發善意。」那善意來自哪裡？來自上下同欲。因此，管理人心的根本解是：改變模型，實現上下同欲。

二、群體壓力：
如何讓員工說出真實的想法

和集體相比，群體的組織性要差一些，其組成人員的身分構成、出現場合等都具有隨機流動性。群體是一種不如集體正式，又比個體複雜的自發組織。

我們常說：「三個臭皮匠，勝過一個諸葛亮。」群體真有這麼大的智慧嗎？恰恰相反。三個諸葛亮一旦組成群體，可能還抵不上一個臭皮匠。

為什麼「三個諸葛亮，還抵不上一個臭皮匠」

我親自參加過一家公司的內部會議。情況是這樣的：這家公司的盈利狀況愈來愈差，管理團隊束手無策，於是請

我來把脈。

我決定從旁聽他們的會議開始介入。然後我發現，公司所有的管理團隊都對一個重金投入的新專案表現出極大的信心和期待。會後，我分別向CEO、執行副總裁、專案負責人瞭解這個專案的情況。我以為能聽到激動人心的計畫，卻聽到了如下反饋。

CEO說：「這個專案會帶來流動資金壓力，危及公司生存。」執行副總裁說：「這個專案有些紙上談兵，不具備實施可行性。」專案負責人說：「這個專案所需要的技術，目前無法實現。」

既然大家都不看好這個專案，為什麼不在會議上說出來呢？於是我追問下去，得到了下面這些回答。

CEO說：「執行副總裁很看好這個專案，我怕打擊他的積極性。」執行副總裁說：「這件事CEO親自掛帥，我尊重他的判斷。」專案負責人說：「老闆們孤注一擲，我只能勇往直前。」

沒有一個人看好這個專案，但也沒有人指出。你以為自己會大膽說出「國王沒穿衣服」，但有股力量把你往回

拉，這就是一條調節迴路。

這三位高階主管「表達異見」的衝動，一定引起了某個「變量」的增強；而這個變量愈強，就愈會減弱「表達異見」的衝動，把大家調節回表面的和諧一致。那這個起到調節作用的變量是什麼？

史丹佛大學的所羅門・阿希（Solomon Asch）教授用著名的「從眾實驗」找到了這個變量：群體壓力。

實驗中，阿希教授讓七位受試者坐在一起，先看一根標準線段X，再看三根長短不同的線段A、B、C，然後請他們依次回答「A、B、C中哪根線段的長度和X一樣」。（見圖3-3）

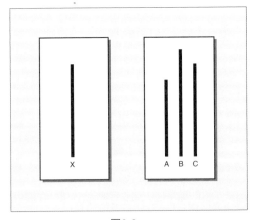

圖3-3

答案顯而易見。但這七位受試者中的前六位都是阿希教授的助手，他們會故意給出一個同樣的錯誤答案，比如都選B。在這種情況下，第七位，也就是唯一一位真正的受試者，能否回答正確呢？

結果是，如果受試者單獨接受測試，平均錯誤率低於1%；但如果受試者在阿希的六位助手之後回答，平均錯誤率就上升為37%。

這就是**群體壓力——當成員發現自己的意見和群體意見相衝突時，會產生巨大的壓力，從而主動放棄觀點，接受群體意見。**

除了阿希的從眾實驗，謝里夫的自動效應實驗、米爾格蘭的服從實驗等都證實了群體壓力這個變量的存在和作用，讓我們終於看清了「表達不同，增強群體壓力；群體壓力，反過來壓制表達不同」這條調節迴路。

戴上洞察力眼鏡，看透人心，不僅要看透個體之心，更要看透個體相互作用形成的群體之心。作為個體，每個人都正確；融入群體，就走向錯誤。正是群體壓力調節迴路，讓這家公司的三個諸葛亮還抵不上一個臭皮匠。

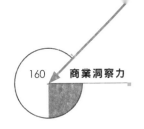

如何破解群體壓力

　　仔細回想一下，你或你的同事是否在例會上說過「我同意前面每個人的觀點」、「嗯，我覺得都挺好啊」或者「也行」呢？群體壓力，其實就在我們身邊。

　　那麼，該如何判別團隊是否處於群體壓力下，並破解這種壓力帶來的「集思反而不廣益」呢？

　　判別方法很簡單：只要你發現，對於任何問題，大家達成一致意見的速度都特別快，基本上就能確定群體壓力已經在你的團隊扎根了。

　　如何破解群體壓力呢？既然這個問題的本質，是一條「表達不同，增強群體壓力；群體壓力，壓制表達不同」的調節迴路。那麼，切斷這條調節迴路，就能解決這個問題。

　　麻省理工學院的庫爾特‧勒溫（Kurt Lewin）教授對此做了深刻研究，並開創了一門新學科：團體動力學。團體動力學裡有不少解決這個問題的工具。下面我為你介紹最重要的三種。

第一，魔鬼代言人（devil's advocate）。

魔鬼代言人指的是故意唱反調的人。開會前，管理者可以對一名員工說：「今天的會議，你負責做魔鬼代言人。」被領導安排「故意」而不是自己「有意」唱反調，這位員工就沒了群體壓力。

一個人故意唱的反調，即使不著調也依然有用。因為很多人重複了阿希教授的從眾實驗後發現，實驗的六位助手中，只要有一位提供了不同答案，即使這個答案也是錯誤的，受試者表達不同意見的勇氣都會大增，平均錯誤率顯著低於37%。

第二，腦力激盪（brainstorming）。

腦力激盪的基本理念是：要獲得很好的點子，要先獲得很多的點子；要獲得很多的點子，就要靠點子來激發點子。腦力激盪就是通過個體頭腦之間風暴式的化學反應，獲得「1＋1遠遠大於2」的可能性。

可是，為什麼腦力激盪能夠切斷群體壓力調節迴路呢？因為腦力激盪的核心技術是「重量而不重質」、「提出而不反駁」。這樣一來就會產生「大量不准反駁的想法」，

這個設計讓每個人都必須發表不同的觀點，而不用擔心受到群體壓力的影響。

第三，名義群體法（nominal group technique）。

名義群體法的流程是：

（1）在進行任何討論之前，每個成員先獨立寫下自己的觀點；

（2）把觀點交給群體，並逐一向大家說明自己的想法；

（3）開始討論；

（4）每個成員獨立把各種想法排序，將綜合排序最高的觀點作為群體決策。

名義群體法切斷群體壓力調節迴路的關鍵在於，「先寫觀點，而不是先討論」。這樣一來成員就無法因為群體壓力放棄自己的觀點。討論依然必要，但沒有一個觀點被放棄。

　　面對使「三個諸葛亮，還抵不上一個臭皮匠」的群體壓力，運用團體動力學的技術，比如魔鬼代言人、腦力激盪、名義群體法，切斷群體壓力調節迴路，就可以釋放每個人的獨立想法和創造力。

三、結構性張力：
如何幫員工建立自我驅動力

在一家企業的年度戰略研討會上，CEO和高階主管制定好年度目標和計畫後，非常興奮，似乎勝利就在眼前。這時，CEO順勢提出：「我決定，在下週公司年會上，每個部門負責人公布自己的年度目標，讓所有人知道彼此的工作內容，大家面向同一方向作戰。」

他萬萬沒想到，這個提議遭到幾位高階主管的反對：「最好不要吧。如果每個人都知道了彼此的年度目標，就沒有轉圜的餘地了。萬一無法完成，士氣會受打擊。我們要向最好的方向計畫，往最壞的地步打算。」

究竟該用清晰激勵成功，還是用模糊保護士氣？他們爭論不休，於是向我徵求意見。

　　我想了想，說：「你們知道，員工努力工作的原動力是什麼嗎？」原動力代表著系統內部的啟動機制。它究竟是名？是利？是實現個人夢想？是幫助公司完成業績？還是世界和平？都不是。推倒你眼前所有的現象，戴上系統動力學的眼鏡，我們會發現員工努力工作的原動力是：結構性張力。

什麼是「結構性張力」

　　1960年，美國的社會心理學家羅伯特・羅森塔爾（Robert Rosenthal）在加州一所學校做了一個著名的實驗。他請校長對兩位老師說：「你們是本校最優秀的老師，為了獎勵你們，我們特地挑選了一些最優秀的學生給你們教。請好好表現。」兩位老師非常高興。

　　一年之後，這兩個班學生的成績是全校最優秀的。

　　這時，校長告訴了兩位老師真相：「其實這些學生都是隨機挑選的，他們的智商並不比別人高。」兩位老師心想：這原來是一個考驗，看看最優秀的老師能否把普通學生教成最優秀的。校長接著說：「其實，你們倆也是隨機

挑選出來的。」

既然老師和學生都是隨機挑選出來的，那這兩個班級為什麼能夠成為全校最優秀的班級呢？這就涉及一條增強迴路。

對老師說「你是最優秀的，你手下的學生也是最優秀的」，老師就產生了一個期望（或者叫目標、願景、夢想）：原來我很優秀，我學生的潛力也都很大。但顯然，我們的班級現在並不是成績最優秀的，期望和現實之間存在差距。這個差距，讓兩位老師如骨鯁在喉、如芒刺在背，忍不住努力改進教學方法。他們的工作會一直向著優秀教師帶頂尖學生的設想不斷努力。這個過程中，師生之間的互動反饋哪怕只取得一點點成績，都被不斷地彼此印證，愈滾愈大，最終形成一個通暢、強勁的增強迴路，使班級成績成為全校最優秀的。而啟動這一迴路的，正是這種忍不住縮小期望與現實之間差距，否則就「如骨鯁在喉、如芒刺在背」的力量──結構性張力，它是增強迴路系統裡的「原動力」。

如果你用找結構性張力的方法探尋系統中的原動力，世界就不一樣了。比如，想要變得更美麗不是女孩子買漂

亮衣服的原動力，她們認為自己和美麗之間的「差距」才
是；成功不是企業家奮鬥的原動力，和成功之間的「差
距」才是。

**任何確定的目標都不是人的原動力，和目標之間的差距
所導致的結構性張力才是。（見圖3-4）**

圖3-4

回到開篇的案例。這家企業要不要在年會上公布每個部
門的目標呢？當然要。因為公布目標能強化結構性張力，
激發員工縮小差距的行為。

 期望理論

不過，僅公布目標還不夠。管理學界最具影響力的科
學家之一——維克托·弗魯姆（Victor Vroom）認為，管理

者甚至應該幫助員工，把粗略的「縮小差距的行為」拆分細化為邏輯嚴謹、環環相扣的三個「只要……就……」，強化員工心中的結構性張力。這三個「只要……就……」是：只要努力工作，就能提高績效；只要提高績效，就能獲得獎勵；只要獲得獎勵，就能縮小差距。

　　這就是著名的期望理論。弗魯姆的期望理論用系統循環圖表示，其實就是一條由四段因果鏈組成的調節迴路（見圖3-5）：

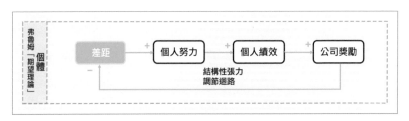

圖3-5

　　理解了弗魯姆的期望理論，你就可以不斷檢查期望理論中這四段因果鏈的有效性，增強人心中的結構性張力，達成目標。

（1）差距：能否增強個人努力？

你可以利用下面這張量表，檢查結構性張力的強度。

100%：不惜一切代價，不達目的不罷休，不設任何退路；

99%：那一絲放棄的念頭，在關鍵時刻會決定選擇猶豫還是堅持；

70%～80%：努力工作，等待運氣，努力過就對得起自己；

50%：有了最好，沒有也罷，最好不付出就能得到；

20%～30%：只會空想，光說不做，過幾天就忘記；

0：就是不想要，或者害怕得不到。

那麼，怎樣提高結構性張力的強度呢？

可以通過增強「差距感」的方式來實現。比如，亞馬遜、小米等品牌的新品發布會，不僅僅為了宣傳造勢，還是向市場公開簽下軍令狀，倒逼生產鏈進度的一種手段。

公司管理者可以借鑑這種做法，設計一個排行榜，公開銷售團隊的業績、開發團隊的錯誤數、客服團隊的滿意度。只要有排行榜，就有差距，就會強化結構性張力，增強個人努力。

（2）個人努力：能否增強個人績效？

銷售人員努力工作，可以提升產品品質嗎？行政人員努力工作，可以提升客戶滿意度嗎？客服人員努力工作，可以提升銷售業績嗎？其實不能，因為它們之間的關係不大。

員工努力工作，能做到100萬的業績；再拚一拚，能將業績做到200萬。但有的CEO喜歡把指標設為1000萬，心想：我先瞄準月亮，萬一打中雲彩呢？

可是，把無論員工怎麼努力都無法提升到的業績放在他們的個人指標裡，會讓員工失去結構性張力，將員工完成指標的可能性降為零。

（3）個人績效：能否增強公司獎勵？

在你的公司，員工做到什麼業績就能拿到什麼獎勵嗎？

有一個Excel表格或者一個公式作為公開的評估標準嗎？獎勵的標準公平嗎？還是只有老闆的空口承諾「大家好好幹，我不會虧待大家的」？到了年底，每個員工都拿到他認為自己應得的獎勵了嗎？

　　如果這條因果鏈斷裂或者模糊，員工的結構化張力也會斷裂、模糊。因此，設置一個公平、公正、公開的獎勵制度十分重要。

（4）公司獎勵：能否縮小差距？

　　如果公司獎勵和個人目標不匹配，就無法帶來結構性張力，員工一定不會努力工作。比如，員工把2/3的收入拿去還房貸，每天縮衣節食，你卻告訴他：「人生的追求應該是自我實現。」

　　怎麼解決這一問題呢？馬斯洛的「需求層次理論」告訴我們，人類需求像階梯一樣分為五個層次，分別是：生理需求、安全需求、社交需求、尊重需求和自我實現需求。每個人的需求各不相同，激勵的理論基礎是先發現需求，再滿足需求。員工真正想要的，才是公司應該獎勵的。就像這位每天縮衣節食的員工，他的需求是生存，和他談

理想會使他抵觸。增加工資、改善勞動條件、給更多的假期，才是對他最好的激勵。

　　一切激勵的本質，都是先設計差距，再利用差距帶來的人心中的結構性張力完成目標。找到員工的結構性張力，管理者就可以幫助員工建立自我驅動力。

四、創業之心：
我不在乎輸贏，我就是喜歡比賽

矽谷頂級投資人班‧霍羅維茲（Ben Horowitz）在他的書《什麼才是經營最難的事？》（*The Hard Thing About Hard Things*）裡說：「據我自己的估計，過去這些年裡，我只在順境中當過三天的CEO，剩下的八年幾乎全都是舉步維艱的日子。」

八年裡，只有三天是順境。如果你用財富、聲望、休假這些不知道有沒有的創業回報，作為激勵自己的增強迴路，很可能堅持不了八年。

但是反過來想，只有三天是順境，霍羅維茲居然堅持了八年，他一定從創業中獲得了一種「有魔力的東西」，不斷點燃他那快被磨滅的熱情。這種「有魔力的東西」，就

是對創業過程的熱愛。

　　這就是**創業之心，是對不確定的創業過程，而不是確定的創業回報的熱愛之心**。這不是每一個人都擁有的。

普通高階主管與合夥人的區別

　　我們都知道，激勵很重要。傳統的激勵有三個基本工具：工資、獎金、股票。**工資發給勞動者承擔的職位責任，獎金發給奮鬥者創造的超額業績，股票發給合夥人釋放的無窮潛力。**

　　那麼是不是給了股票，就能找到願意釋放無窮潛力的創業合夥人了呢？並不是。

　　我有位企業家朋友，公司愈做愈大。雖然公司中有不少高階主管，但他總覺得高階主管們沒有「合夥人心態」，無人與他共擔責、無人和他同分憂，凡事都要自己作決定。沒有合夥人心態，是因為那些高階主管不是合夥人。於是，他決定找一個人，分他股份，授他權力，給他責任，讓他成為真正的合夥人。

　　幾經挑選，他從外商高薪挖了一位能力極強的合夥人，

給了他股份和巨大的期望，這位合夥人表示自己一定不辱使命。但是幾天後問題就來了。週末，一位大客戶遇到一個嚴重的產品問題，大發雷霆。老闆發消息給合夥人：請速來辦公室商量。合夥人回覆：老闆，今天是週末，週一聊可以嗎？我的這位朋友沒有辦法，只好自己處理。

一段時間後，合夥人又拿了一張清單找到我的朋友，請他批准並報銷。清單中列了孩子的國際小學費用、每年兩次的海外滑雪費用、四個禮拜假期……我的朋友楞住了，問：「這些都是外商的規矩嗎？」合夥人說：「不全是。但我充分休息，也是為了好好工作。」

我的朋友很苦惱，問我該怎麼辦。我聽完之後說：「你知道你錯在哪裡了嗎？你錯在居然以為，只要給了高階主管股份，他就會自動變為合夥人。」

高階主管和合夥人的區別就在於有沒有「創業之心」。

普通的高階主管，遇到困難時，可能會「累覺不愛*」，因為他們在乎的是付出和回報的性價比；真正的合夥人，才會「愛覺不累」，因為他們熱愛的是創業過程本身——不

＊中國網路流行用語，意思是覺得自己累了，沒有力氣再愛下去了。

在乎輸贏，就是喜歡比賽。

　　高階主管在上班，是在用確定的能力換取確定的回報；合夥人在創業，是在用不確定的風險對賭不確定的收益。創業時，你無法收獲確定的創業回報。你唯一能確定獲得的，就是創業過程本身。

　　這位企業家犯的錯誤，就是把股權這場「用風險換收益」比賽的入場券，交到了只在乎創業回報的高階主管手中。然後高階主管把收益留下，把風險還了回來。

篩選「合夥人」的三個黑箱

　　那麼，如何看清一位高階主管是否有創業之心，心中是否有洶湧的「創業過程增強迴路」，從而判斷他是可以做「合夥人」，還是只有「創業回報增強迴路」，只能當員工呢？

　　可以用以下三個黑箱測試來篩選。把高階主管提拔為合夥人，或者從外部尋找合夥人之前，可以把他們放在這三個預設變化、挫折和動力模型的黑箱裡，測試他們如何應對。

第一，變化黑箱。

英國科幻作家道格拉斯·亞當斯（Douglas Adams）提出過一個科技三定律：

（1）任何在我出生時已經有的科技都是稀鬆平常的世界本來秩序的一部分；

（2）任何在我15～35歲之間誕生的科技都是將會改變世界的革命性產物；

（3）任何在我35歲之後誕生的科技都是違反自然規律要遭天譴的。

這是一個幽默的反諷，諷刺人們年齡愈大，愈不能接受變化。

我用道格拉斯的句式，寫過一個創業三定律：

（1）任何在我創業前就已經有的產品，都是過時的、渾身是缺點的；

（2）任何在我創業時做出來的產品，都是真正滿足用戶需求的、偉大的產品；

（3）任何在我創業後別人做出來的競品，都只是滿足誇大其詞的偽需求的。

這個創業三定律是反諷那些總覺得自己已經做到最好，不思改變的創業者的。他們用「別人是錯的」的謬誤，來調節變化給自己帶來的不確定性。

相比之下，那些熱愛創業過程的人遭遇變化黑箱時，會覺得：天啊，又可以學習新東西了。他們會自費去上課，每年會花很多時間在得到App上學習，手機上會安裝各種或有趣好玩，或能學習知識的App，會訂閱各種能獲得新知、學到新技能的微信公眾號。這些都是熱愛創業過程的人，自發的學習欲望。

第二，挫折黑箱。

每當創業遭遇挫折時，大部分人會抱怨。

我在一家新創企業開會時，遇到這樣一位高階主管。談到項目，他非常憤怒地抱怨供應商有問題、合作夥伴有問題、產品有問題、環境有問題、無視這些問題的老闆也有問題……我幾次想打斷他都不成功。抱怨完之後，他似乎

舒服了很多。因為對他來說，抱怨是把目前的挫折合理化的重要方法。媽媽抱怨爸爸，孩子陪她說兩句「就是，就是」，她會加倍舒坦。

但是對合夥人來說，抱怨只能解決情緒問題，無法解決現實問題。熱愛創業過程、有創業之心的合夥人會用鬥志面對挫折黑箱，他們會想：天啊，這件事居然沒做成？一定有什麼被我忽視了。這件事有挑戰性，有意思。等我準備一下，再來一局！

第三，動力黑箱。

熱愛創業過程的人，即使失去了創業動力，依然會堅持。

2017年的某一天，我在朋友群組發了一篇貼文，說：「今天特別不想去上班。但不知道向誰請假。只好去辦公室。」（見下頁圖3-6）

圖3-6

這篇貼文獲得了很多創業者的點讚。如果你是員工，累了就可以請假。但如果你是創辦人，再累，市場也不會陪你放假。有動力，就衝刺；沒動力，就堅持。創業之心，就是一顆不能停的心。（見右頁圖3-7）

用學習，面對遭遇的變化；用鬥志，面對每天的挫折；用堅持，面對失去的動力。發現了這樣的人，你就可以放心地把後背交給他了。

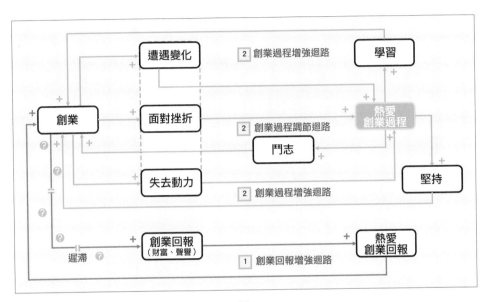

圖3-7

五、改變人心：
不是將心比心，更不是苦口婆心

在這一章，我介紹了用「上下同欲」增強迴路，看透集體之心；用「群體壓力」調節迴路，看透群體之心；用「結構性張力」調節迴路，看透個體之心。

用把一個人放在創業黑箱中測試，觀察激勵他創業的增強迴路是熱愛創業過程，還是熱愛創業結果的方法，判斷他是否有「創業之心」。

但是不管是艾可夫的社會系統、勒溫的團體動力學，還是弗魯姆的期望理論，它們在本質上都是通過建立模型看透人心。那麼，如何改變人心呢？當然是通過改變模型。

有一個真實的案例。我有個朋友帶著幾個夥伴創業。因為公司業績不好，便開會討論該如何改變現狀。幾個夥伴

爭論不休：這裡可以改進，那裡可以更好，我早就說公司這樣早晚要出問題的⋯⋯指導完我這位朋友之後，大家滿足地下班了。留他一個人在辦公室，加班到凌晨一點。

他很苦惱，問我該怎麼辦。

我說：「你是花錢請了一堆老闆來指導你幹活。為什麼會這樣？因為你的夥伴們都是壞人嗎？當然不是。你才是壞人。『有事我來幹，有錢大家分』是一種特別壞的制度。你用『搶著幹活』的行為，硬生生把小夥伴們的心態從『幹活』逼成了『旁觀』。但凡動動嘴就可以，誰願意動手啊？你成功地用錯誤的模型把好人變壞後，來找我抱怨。這都是你自找的。」

要改變這樣的現狀，只能改變人心。**改變人心，就像一場心臟手術。它的本質不是改變心臟，而是改變心臟和周圍器官之間的關係，也就是改變模型。**

那麼，應該怎麼做這個心臟手術呢？系統模型中，最主要的結構是增強迴路和調節迴路。基於這兩條迴路，有三種改變人心模型的方式。

# 啟動正向增強迴路

你的公司裡，有沒有出現過這種場景？

你問：「小張，那件事怎麼樣了？」小張回答：「我正打算去做呢。」你說：「我三週前就和你說了！」小張解釋：「老闆，我這三週一直沒閒著。」員工靠不住，只能老闆自己來。當天晚上，你加班把這件事情做好了。

為什麼會出現這樣的情況？因為這是你的事，不是他的事——這件事失敗了，你的損失比他大；成功了，他的收益比你小。所以，員工不具備把這件事做成的正向增強迴路。

這時你就需要在員工心中植入一條正向增強迴路。

回到開篇的案例。我建議朋友做一張Excel表格，讓員工在填入自己當天的業績後，立刻就能看到當月、本季和全年的獎金，數字精確到小數點。也就是將每天的努力，直接反映在收益上。員工後來的行為，讓他大吃一驚。

很多員工把自己全年每天的業績都預填進去，推算自己能拿多少獎金；員工還會計畫，我想拿到某個數額的獎

金，每月、每週、每天要做多少業績；哪個月完成基本工作就好，哪個月多做，哪個月衝刺，員工就像打策略遊戲一樣，不斷調整。

其實，大部分公司都有激勵系統，但是這些激勵系統大多因為遲滯，沒有在員工心中形成以季度、月度，甚至每天為單位的「做什麼，就能得到什麼」的正向增強迴路。而這張簡單的Excel表格，就幫助我這位朋友啟動了即時反饋的正向增強迴路。

員工心中「努力有回報，懈怠就淘汰」的增強迴路一旦被啟動，他就會比你還著急。第二天早上上班時發現預計的業績沒完成，表格中的獎金少了200多元，他就會著急地找老闆商量，找同事學習，也就沒空指導老闆創業了。

在「改變人心」的過程中，我們並沒有把員工的心換成老闆的，也不需要換。改變人心是通過改變人和周圍要素之間的關係，也就是改變模型，讓同樣的心產生不同的行為。

切斷負向增強迴路

員工A總覺得自己是公司工作最辛苦、收入最低的人。其實，員工B也這麼認為，員工C也是。他們三三兩兩彼此抱怨，發現員工D雖然業績差，拿的工資卻跟他們一樣多，於是都猜疑員工D是老闆的親戚。團隊的士氣愈來愈差。

員工D的業績雖然很差，但他很努力。經理想批評他，又怕打擊老實人的積極性，說不出口，導致員工D以為自己做得不錯，至少不比A、B、C差。工作能力不行的人誤解自己做得不錯，公司業績愈來愈差。

戴上洞察力眼鏡，你會發現這樣一條負向增強迴路：「猜疑、誤解」，導致「士氣、業績」愈來愈差；「士氣、業績」愈來愈差，導致更多的「猜疑、誤解」。

之所以會產生這樣的負向增強迴路，是因為缺乏溝通，資訊不透明。大量中階領導把資訊當作權力，老闆說了什麼，有限傳達；下屬做了什麼，選擇匯報。他們成了資訊的「黑洞」。

要想改變，就要切斷缺乏溝通的負向增強迴路：把每一個員工的年度目標、考核方法，公布給全公司；CEO每

月發全員郵件，溝通方向、戰略、組織的調整；在例行的
週會中，不斷修正方向；打開員工論壇，讓正面反饋能傳
播，負面反饋能被闢謠；要求每個經理和員工，必須做每
月的一對一溝通……

　　溝通的目的是使資訊變得透明，只有切斷了「資訊愈不
透明，員工愈猜疑、愈誤解，然後愈不願意溝通，資訊就
愈不透明」的負向增強迴路，員工士氣、公司業績才能回
到正軌。

增加安全調節迴路

　　一個員工向你提出離職，理由是壓力太大。之後，第二
個員工、第三個員工都以同樣的理由提出離職。這時，你
就應該清楚，你缺少一條安全調節迴路。

　　什麼是安全調節迴路？

　　電流過大，保險絲會熔斷；離前車過近，汽車會自動減
速；不幸撞車了，安全氣囊會彈出。這些都是安全調節迴
路。它們的作用是保證電流、車距、衝擊力的存量維持在
安全邊界以內。

那麼，什麼樣的調節迴路可以改變員工充滿壓力的內心呢？

在小公司，可以經常組織員工吃吃喝喝、自駕出遊；中等公司可以定期組織旅遊、年會，制定規範的休假制度；大公司甚至可以給員工買EAP（心理諮詢服務），幫助員工紓解壓力。

幫某個員工緩解壓力很重要，建立系統性紓壓的調節迴路更重要。你的公司有沒有紓解壓力，保證員工內心安全的調節迴路呢？

改變人心的本質，不是將心比心，也不是苦口婆心，而是通過改變人和周圍要素之間的關係，也就是改變模型，讓同樣的心產生不同的行為。這樣，一臺成功的「心臟手術」就完成了。

用一套理論解釋過去，會讓我們有安全感。但是，我們學習洞察力的目的，不僅是為了解釋過去。我們需要預測未來。

Chapter **4**

訓練場三：預測未來

一、預測未來：
沒有預測，就沒有決策

未來可以被預測嗎？似乎不可能，只有巫師、算命先生和騙子才會說自己能預測未來吧！

不過，真的是這樣嗎？

🔍 摩爾定律

1965年，英特爾的創始人之一戈登・摩爾（Gordon Moore）對未來作出了一個著名的預測，這個預測被稱為「摩爾定律」：積體電路上可容納的電子元件的數目，大約每隔24個月便會增加一倍，性能也將提升一倍。簡單來說，就是電腦的性能每兩年翻一倍。說得再精確一些，就是電腦性能的年均增速是42%。

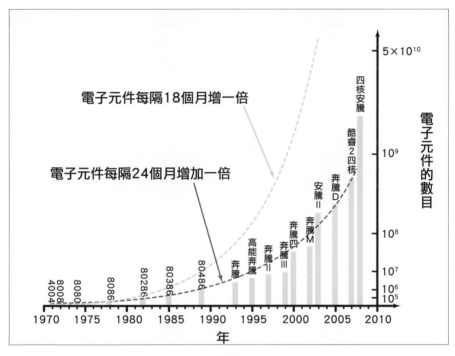

圖4-1

摩爾預測對了嗎？現在的你，已經知道結果了。

上圖4-1是從1970年到2010年這40年中，電腦性能的實際提升和摩爾預測的對比，兩條指數型增長的曲線幾乎完美匹配。

能準確預測40年電腦性能的發展，摩爾顯然不是矇對的。那麼，摩爾到底是憑什麼預測對的呢？答案是系統動力學中的一條增強迴路和一條調節迴路。

　　20世紀50年代末60年代初，積體電路剛剛被發明出來，整個市場一片藍海。只要在製作工藝研發上的投入愈多，單位面積上積體電路的電子元件數量愈多，積體電路的性能就愈高，積體電路的成本因研發創新而愈低，價格就愈低，銷量就愈高，利潤就愈高。高額利潤帶來的大量資金，又可以投入研發，進一步加快製作工藝進步。

　　這就構成了一條「性能提高→利潤增加→研發投入增加→性能提高」的增強迴路，這條增強迴路會帶來滾雪球──愈滾愈大──一般的效果。（見圖4-2）

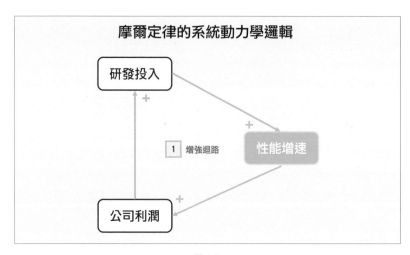

圖4-2

可是，既然是滾雪球一樣的指數級增長，為什麼「滾的加速度」是42%，而不是62%、82%，或者120%呢？

因為還存在一條調節迴路。

如果瘋狂投入資金進行研發，技術進步的加速度也許真的可以達到年均62%、82%，甚至120%。但是，如此快的性能增速，可能導致市場上沒有足夠多的大型軟體消化突增的電腦運算能力，導致消費者消費動力不足，大量的研發收不回成本。

這就是一條「性能增速→性能過剩→市場風險增加→抑制性能增速」橡皮筋一樣的調節迴路。（見圖4-3）

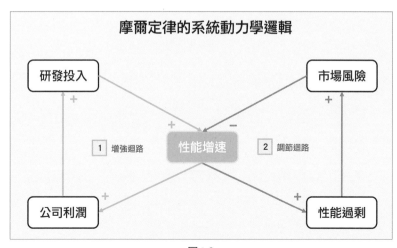

圖4-3

研發投入瘋狂踩下性能的油門，市場風險不斷踩下性能的剎車。積體電路性能的增長速度就這樣穩定在42%，大約每兩年翻一倍。

從此以後，軟體公司會為兩年後性能確定翻一倍的硬體設計複雜一倍的軟體，硬體公司會為兩年後確定複雜一倍的軟體設計性能翻倍的硬體，如此循環。

不過，有一次記者問摩爾：「什麼可以改變摩爾定律？」

摩爾回答：「當我們想不出新的花樣，人們覺得一個電子產品可以用4～5年，不再需要每年更換時，摩爾定律將會明顯放緩。」

因此，這個神奇的「兩年翻一倍」並不是靈光一閃的神諭，而是兩個迴路相互作用後的計算結果。摩爾之所以預測電腦性能「年均增長42%」，是因為增速太快、太慢，都不經濟。

那麼，你現在覺得，未來可以被預測嗎？

預測未來的方法

未來當然可以被預測，我們也必須預測。所有的商業決策，其實都是基於對未來的預測。

經濟的走勢會怎樣？年輕人的消費習慣有什麼變化？競爭對手明年會有什麼新動作？即使預測的準確度只有80%、50%、20%，我們都要進行預測。可以說，沒有預測就沒有決策。

那麼，如何預測未來？

在前面的章節，我們已經學會把現實的商業世界抽象為系統模型。模型的意義，不僅是解釋過去，更是要預測未來，然後根據預測，作出高機率正確的決策。解釋過去，是解決「why」（為什麼）的問題；預測未來，是解決「what...if...」（如果……就……）的問題。

在接下來的章節，我會介紹九個典型的「如果……就……」，九個系統動力學中的基礎模型（簡稱「基模」）。它們是：

（1）**公地悲劇基模：**如果雙方的收益都是建立在搶奪有限的公共資源上，就會導致雙方收益最終都降為零的悲劇；

（2）**成長上限基模：**如果快速增長觸發了一個抑制增長的調節迴路，增長就會減緩、停頓，甚至出現下滑；

（3）**成長與投資不足基模：**如果快速增長導致研發、生產、投資等能力被忽視，就會進一步增強減緩、停頓、下滑的態勢，甚至導致衰敗；

（4）**捨本逐末基模：**如果我們採取一個治標方案解決問題，就會離治本的方案愈來愈遠；

（5）**飲鴆止渴基模：**如果我們採取一個帶有嚴重副作用的方案解決問題，就會出現情況愈來愈惡化的結果；

（6）**意外之敵基模：**如果我們的行為誤傷到盟友，就會導致雙方對抗，然後兩敗俱傷；

（7）**富者愈富基模：**如果雙方在一個資源有限的系統中啟動了增強迴路，就會導致富者愈富、窮者

愈窮；

（8）**惡性競爭基模：**如果雙方都以超過對手為目標，就會把競爭推到誰都不想看到的激烈程度；

（9）**目標侵蝕基模：**如果我們通過降低目標來完成難以實現的目標，就會導致目標愈來愈低，得過且過。

這九個基模，九個「如果……就……」，是變化萬千的多米諾骨牌的九個基本形狀。你推倒了哪個形狀，就會看到哪個結果。

沃爾斯滕霍爾姆（Eric Wolstenholme）把這九個模型凝煉成四個模組。他因此獲得了2004年國際系統動力學的最高獎──福瑞斯特獎（Forrester Award）。這四個模組分別是：

（1）**受阻模組：**包含公地悲劇、成長上限、成長與投資不足基模。如果期待中的增強迴路遭遇意外的調節迴路，就會增長受阻。

（2）**失控模組：**包含捨本逐末、飲鴆止渴、意外之敵基模。如果期待中的調節迴路遭遇意外的增強迴

路，就會情況失控。

（3）**通吃模組**：包含富者愈富基模。如果期待中的增強迴路遭遇意外的增強迴路，就會贏家通吃。

（4）**鎖死模組**：包含惡性競爭和目標侵蝕基模。如果期待中的調節迴路遭遇意外的調節迴路，就會零和賽局。

　　我是商業顧問，來找我諮詢的都是行業專家，我憑什麼能給他們諮詢，甚至給他們的未來提建議呢？因為我手裡有基模——這就相當於求解「未來」這道方程式的公式，套進去就能看到答案。

　　在之後的章節中，我將給你介紹四個模組中的九個基模，幫你建立用「如果……就……」預測未來的能力，讓你看得更遠、更準。

二、受阻模組：
為什麼開始前途無量，
最後舉步維艱

這一篇我將為你介紹「受阻模組」中的三個基模——公地悲劇、成長上限、成長與投資不足，並幫你試著用它們預測未來。

公地悲劇基模

　　2018年初，區塊鏈和比特幣大火，帶動「挖礦機」價格飛速上漲。挖礦機就是用來「挖」比特幣的電腦。比特幣網絡每十分鐘會將固定的12.5枚比特幣（當時價值125萬元人民幣）發放給全球參與記帳的挖礦機。參與記帳的挖礦機愈多，平均收益愈少。

　　2018年初，購買一臺2萬元的挖礦機，大約三個月就能收回成本。照此計算，剩下的九個月可以獲得300%的淨收益。

　　現在請你為2018年初的自己做預測並決策：我要投資挖礦機嗎？答案是：如果你不能在極短時間內完成投資、挖礦、套現、離場，就不要參與。

　　為什麼？因為比特幣挖礦收益分配模型的核心就是一個「公地悲劇基模」。

　　什麼是公地悲劇？

　　一群人在公共草地上放羊，每個人放10隻羊，草地自我修復，羊群生生不息。可有個牧民貪心，悄悄放了20隻。其他牧民眼紅，也放20隻，有的牧民甚至開始放30隻……公共草地上的羊愈來愈多，最後草地被破壞，所有的羊都餓死了。這就是公地悲劇。（見右頁圖4-4）

　　我們戴上洞察力眼鏡，把這個故事抽象為系統模型。

　　公地悲劇的本質，是一組多吃多占的增強迴路遭遇一條資源有限的調節迴路。

　　系統動力學專家借助電腦的推演，為公地悲劇繪製了一

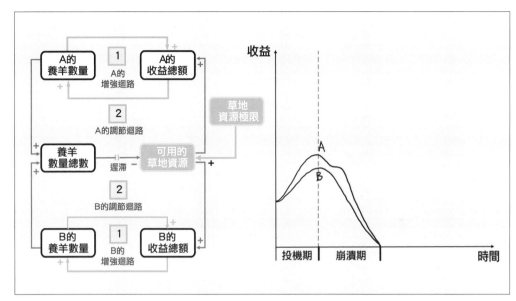

圖4-4 「公地悲劇基模」的因果循環趨勢圖

張趨勢圖：個體收益在開始的「投機期」大幅上升，在遭遇公共資源瓶頸後的「崩潰期」蒸發為零。不抽象，就無法深入思考；不還原，就看不到本來面目。現在，我們還原到挖礦機的案例。

　　每十分鐘能挖到固定的125萬元人民幣，是有剛性約束的「公地」。投資更多挖礦機，確實可以增加個體收益，但因為分錢的挖礦機猛然增加，平均收益率會迅速降低。當所有挖礦機每十分鐘消耗的電費激增到125萬元，等於所有人的挖礦收益將蒸發為零。利用挖礦機挖礦，就是一個公地悲劇。如果你不能確保自己在投機期套現離場，就千萬不要進場。

　　2018年下半年，公地悲劇導致的崩潰期如期而至。挖礦機消耗的電費超過挖礦的收益，60萬～80萬臺礦機因此拉閘*關機，挖礦機價格下跌了90%。很多投資挖礦機的人不僅沒有獲得當初計算出來的高額利潤，還賠得血本無歸。

　　除此之外，還有哪些是商業世界中典型的公地悲劇呢？

　　比如共享單車。我們在日常生活中經常能看到共享單車占用人行道，根據這一點幾乎可以預測，如果共享單車不為占用的道路資源付費，最後哪家共享單車都賺不到錢。

　　如何破解公地悲劇呢？把公共資源私有化，或者對公共資源進行競拍收費，切斷無限占用公共資源這個增強迴路。

成長上限基模

　　這個世界上，沒有永恆的增長。你發展很快，只是因為你還小，小到沒有「資格」觸碰各種大規律的限制。比如市場規模的限制、人才數量的限制、管理能力的限制，等等。

---

*中國網路用語，最早是只把電閘關閉，現指「完蛋」的意思。

　　2012年底的「中國經濟年度人物」頒獎盛典上，王健林和馬雲打賭。十年後，如果電商在中國零售市場的比重達到50%，王健林輸給馬雲1億元；反之，馬雲輸給王健林1億元。

　　如果現在是2012年底，請你預測賭局的結果並用100萬元跟投，你會賭誰贏？馬雲如日中天，王健林意氣風發，但我建議你誰都不要投。為什麼？

　　因為電商的增長迴路早晚會遭遇互聯網總用戶規模的調節迴路，然後止步於平穩的高原。

　　最容易上網買東西的是容易接受新事物的年輕人，接觸網路更多的是大城市的居民，網上購物最便利的是物流系統發達地區的人。這些人的數量很大，但終究是有限的。2012年中國國內電商發展迅猛，只是因為那時電商規模相對小很多，遠沒有碰到電商市場規模的邊界牆。

　　但是2015年，整個網路產業感受到用戶增長明顯放緩，電商的發展遇到市場規模所設定的成長上限。

　　我們戴上洞察力眼鏡，把電商的困境抽象為系統模型。

成長上限的本質，是一條高歌猛進的增強迴路，遭遇一

條高處不勝寒的調節迴路。

借助電腦推演的趨勢圖，我們可以看到收益在平原期無
所建樹，在爬升期高歌猛進，在高原期重新停滯。這就是
著名的「S曲線」。（見圖4-5）

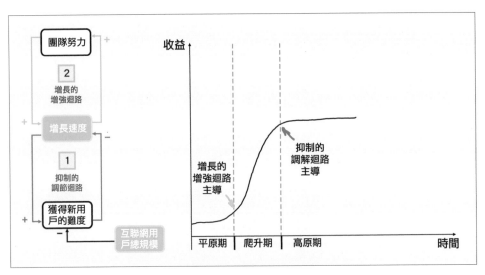

圖4-5　「成長上限基模」的因果循環趨勢圖

六年之後的2018年，電商占中國零售市場比重的15%～
20%。四年後到達50%的可能性微乎其微。

那麼王健林就會贏嗎？再過四年，線下零售市場的高速
增長也會遇到市場規模的天花板，線下零售必須和互聯網

深度融合。從此，我們會再也分不清楚什麼算線上，什麼算線下。

所以，也許你應該賭：賭局作廢。

那麼，我們應該如何應對成長上限呢？

盡早尋找「第二條S曲線」，轉移戰場。當現金牛業務*的增長遭遇需求變化、技術瓶頸等抑制的調節迴路時，你要告訴自己：沒有「一招鮮，吃遍天*」的產品。

成長與投資不足基模

假設你是美國廉航人民快運航空（PEOPLExpress）的創辦人唐・布爾（Don Burr），公司採用扁平化管理的方法，公司全員持股。你的能力抵得上五個哈佛教授，效率極高，所以機票價格只有同行的六折，還能賺錢。創業五年，你的公司成為美國第五大航空公司。

現在，你有兩個選擇：

---

*現金牛業務也被戲稱為「印鈔機」，它通常有很高的相對市場比重，但市場增長率因此顯得較低，比如，微軟的Windows和Office、谷歌的搜尋引擎業務都是現金牛、印鈔機。
*意指只要擅長某一技能，就能到處謀生。

（1）把利潤拿去購買飛機，獲得更多客戶；

（2）把利潤拿去培訓員工，提升服務品質。

真正的布爾選擇了購買飛機。一年後，該公司破產了。為什麼？

旅客不多時，人民快運航空的服務非常好，每個顧客都很滿意，這是服務能力投資的「飽和期」。旅客的增長，帶來了收入的增長，但同時要求更高的「服務能量」。過去一位空姐服務20位旅客，現在要服務100位，這就進入了服務能力投資的「匱乏期」。於是旅客抱怨激增，紛紛轉向競爭對手。人民快運航空新購的飛機無法飽和運轉，公司產生巨額虧損，最後破產了。

這就是「成長與投資不足基模」。（見右頁圖4-6）

成長與投資不足的本質，是一條飛速成長的增強迴路，遭遇一條投資不足的調節迴路。

企業發展到一定階段後，創辦人總喜歡說要「還以前欠下的債」。這個「債」，就是在如今看來的投資不足——對研發、對產品、對客戶服務的投資不足。

那怎麼解決這一難題？

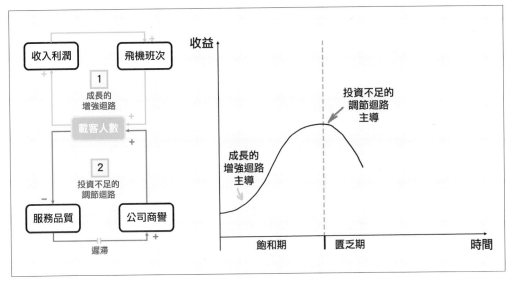

圖4-6　「成長與投資不足基模」的因果循環

　　站在飽和期，投資匱乏期。比如，華為公司堅持每年從營收中拿出至少10%做研發。過去十年對研發的投入超過4000億元。這樣，才有可能對市場上的競爭對手進行「飽和式攻擊」。

　　你可能要問，受阻模組應該怎麼用？據我觀察，將受阻模組用得最好的是投資人，因為他們需要預判計畫的天花板。作為創業者，你在找投資人時，也需要用這三個基模提前預測天花板，並做好預案，這樣才不至於寫出天馬行空的企劃書。即使你不創業，你在選擇職業時，也要考慮自己所選行業的未來走向，不要在一個馬上觸頂的行業浪費大好青春。所以，我希望你學會這個預測模型以後，早做打算，爭取少走冤枉路。

三、失控模組：
為什麼愈急於求成，愈一事無成

為什麼愈急於求成，愈一事無成？我們可以用「失控模組」中的三個基模——捨本逐末、飲鴆止渴和意外之敵——來預測未來，解決這個問題。

捨本逐末基模

有A和B兩家做婚前輔導的公司，它們的業務是教夫妻如何相處。

現在，兩家公司都想融資100萬元。A公司打算用這100萬元請最好的人優化產品，讓新婚夫妻心甘情願地付費來學；B公司打算用這100萬元宣傳課程的社會價值，申請政府補貼，讓新婚夫妻免費學習。

　　如果你是投資人，你覺得哪家公司更有未來？你打算投給誰？

　　我個人建議，不要輕易投給B公司。因為它的商業模式符合典型的捨本逐末模型。

　　B公司用「政府出錢免費學」這個調節迴路解決婚前輔導產品的銷售問題，這種做法雖然使課程賣不出去的「症狀」緩解了，比A公司的「優化產品付費學」調節迴路有效得多，但是這個「症狀解」治標不治本——「標」是賣不出去，「本」是產品力不夠。

　　也許B公司的管理者會辯解說：「等賺了錢，我當然會開始治本，提升產品力。」真的是這樣嗎？

　　實際上，賺錢之後B公司可以用利潤做兩件事：

　　（1）把「政府出錢免費學」的模式推廣到全國；

　　（2）用錢優化產品，讓用戶開始付費學。

　　不過，B公司並不會選擇用錢優化產品。因為他們的產品一開始是免費的，消費者對產品的品質沒有太多期待，優化產品不能看到任何效果；但是一收費，用戶會瞬間流失。B公司最終會選擇把「政府出錢免費學」的模式推廣到

全國，這樣一來，收入和利潤立竿見影。

於是，B公司愈來愈「捨本逐末」，在「政府出錢免費學」這個症狀解的道路上愈走愈遠，直到失去獲得「優化產品付費學」這個根本解的能力。（見圖4-7）

我們戴上洞察力眼鏡，把這個現實故事抽象為系統模型。

捨本逐末的本質，是一條根本解的調節迴路，因為見效慢，遭遇一條被症狀解打壓的增強迴路。最終問題依舊，甚至更嚴重，直至崩盤。

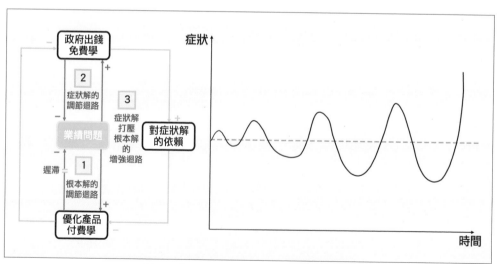

圖4-7　「捨本逐末基模」的因果循環趨勢圖

　　2018年，我在《5分鐘商學院》線下課程的私人分享會上，遇到了B公司的同學。他告訴我，自從國家調整計畫生育政策後，政府對婚前輔導的這筆補貼被取消了。他想改變商業模式，向新婚夫妻收費，卻發現因為他的產品完全喪失了競爭力，根本無人付費。

　　B公司只好將一切清零，從頭再來。這就是「捨本逐末」最有可能的那個未來。

　　在「根本解」成本高、見效慢時，「症狀解」有其合理性，但也有遮蔽性。感冒藥是症狀解，可以緩解頭疼、咳嗽、打噴嚏等症狀；健身是根本解，會提高人體免疫力。一年吃感冒藥的總成本是500元，買健身卡會花費5000元。但我們不能因為感冒藥更便宜，就不去健身，這樣最終會付出更大的代價。

 ## 飲鴆止渴基模

　　飲鴆止渴基模是捨本逐末基模的升級版，但和捨本逐末基模不同的是，「鴆」這種「症狀解」不是沒有營養的「末」，而是殺人於無形的「毒」。

　　舉個例子。假設你是一家知識付費平臺的老闆，在一年即將過去一半的時候，公司半年的銷售業績比預計中差了不少。銷售總監很著急，打算推出「吃到飽會員卡」，用戶只需支付365元就能收聽全平臺所有付費內容。銷售業績當然對身為老闆的你很重要，你也因為銷售業績過差而著急，你知道這個「吃到飽會員卡」計畫一定能提升業績，因為它實在是太優惠了。那麼，你批不批准銷售總監的這個計畫呢？

　　如果你想要選擇批准，我希望你三思。

　　「吃到飽會員卡」這個調節迴路雖然可以大大提振短期收入，但也會深深傷害長期收入。

　　會花365元買「吃到飽會員卡」的人很高的機率都是本來打算花500元、800元，甚至1000元購買單獨課程的人。這個計畫相當於把未來的收入提前打折兌現，下半年的業績問題會因為上半年的吸血而慘不忍睹。

　　另外，「吃到飽方案」而不是按課程付費的銷售模式，會導致優秀的作者無法脫穎而出，不能獲得有足夠吸引力的報酬，優秀作者會因此流失。優秀作者流失又會加劇忠實用戶流失，公司只好再降低付費內容的價格。一個驚心

動魄的負向增強迴路被啟動。（見圖4-8）

我們戴上洞察力眼鏡，把這個飲鴆止渴的計畫抽象為系統模型。

飲鴆止渴的本質，是一條短期見效的調節迴路，啟動了一條長期惡化的增強迴路。迴光返照之後，油盡燈枯，走向失控。

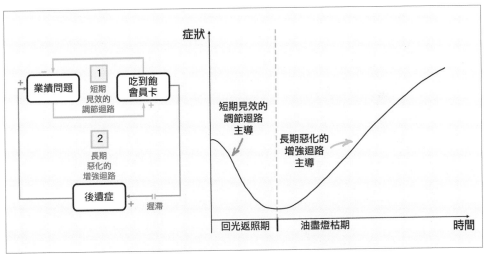

圖4-8 「飲鴆止渴基模」的因果循環趨勢圖

這種「短期有效、長期惡化」的有毒「症狀解」十分容易，所以隨手可得。

比如，齒輪不停地響，你隨手給齒輪潑點水潤滑，齒輪立刻不響了，但不久齒輪就生鏽了，然後愈來愈響，走向失控；公司出現財務危機，身為老闆的你決定裁員30%，財報數據立刻就好看了，但不久公司因為無人可用，業績愈來愈差，最終走向失控。

這個世界上，放在我們面前的通常不是正確的選擇和錯誤的選擇，而是正確的選擇和容易的選擇。容易的選擇常常有毒。

 ## 意外之敵基模

20世紀70年代，寶僑為了打擊競爭對手、提高市場占有率，突然進行大規模打折促銷。這樣的大規模降價使寶僑的盟友沃爾瑪措手不及。低價帶來的通路利潤驟減，使沃爾瑪無以為繼。

好兄弟竟然往我的兩肋插刀，沃爾瑪決定「你不仁我不義」。沃爾瑪大規模囤積寶僑的打折商品，等它們恢覆原價再賣。這一招，把寶僑的促銷預算都變成了沃爾瑪的利潤。

　　請你預測一下，這兩兄弟最後誰打敗了誰呢？答案是兩敗俱傷，這是因為兄弟倆上演了「意外之敵」基模。

　　意外之敵的本質，是改善自己業績的調節迴路，意外啟動了一條傷及盟友的增強迴路。昔日盟友反目成仇，最終兩敗俱傷。（見圖4-9）

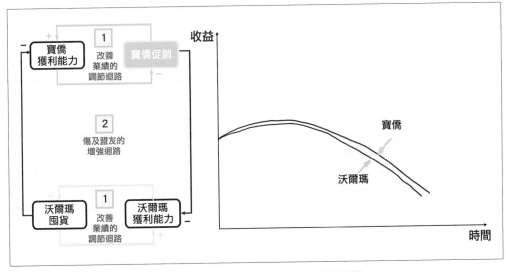

圖4-9　「意外之敵基模」的因果循環趨勢圖

　　寶僑和沃爾瑪誰都離不開誰。為了自己贏而中傷對方，最終只會兩敗俱傷。

這樣的場景還會發生在銷售人員和工程師之間。銷售人員想無條件答應用戶的每一個需求，只為簽單；工程師死守自己開發的每一項功能，寸步不讓。最後的結果一定是：用戶不滿意，項目超預算，走向失控。

那怎麼辦？

盟友變成意外之敵，一定是因為一方使用了只對自己有利的方案。作為管理者，你可以讓銷售人員和工程師各承擔對方10%～20%的業績指標，做到你中有我，我中有你，實現利益一致。

這一篇，我介紹了「如果」一個調節迴路，遭遇一個增強迴路，「就」會怎樣的「失控模組」，你可以練習用它預測未來。

最需要學習失控模組的是面臨艱難選擇的創業者。因為人的天性是選最容易走的路。但是，正確的路，通常艱難；而難走的路，從不擁擠。

四、通吃模組：
一個比微信好十倍的產品，
能打敗微信嗎？

如果增強迴路遇到調節迴路，就會受阻；如果調節迴路遇到增強迴路，就會失控；如果增強迴路遇到增強迴路呢？就會贏家通吃。

這就是「通吃模組」和其中唯一的基模「富者愈富」。

 **贏家通吃**

假設一位非常優秀的朋友興奮地來找你，說他找到了微信的十大痛點，比如，只能加5000個好友、播放語音時沒有進度條、聊天群組沒有管理工具、不能限時私密聊天等

等。而他要開發一個「來信」，打敗微信這頭「年邁遲緩的大象」，問你要不要投資他。

這個決策的本質，是對「一個比微信好十倍的產品能不能打敗微信」的預測。

能嗎？幾乎不可能。

有一個真實的故事。

在PC（個人電腦）時代，一位創業者興奮地來找我，給我看他「自主研發」的PC操作系統，說它比Windows好用十倍，一定能幫中國軟體業打敗微軟。

我說：「愛國，就做點真正對國家有貢獻的事吧。比如互聯網，比如人工智慧。就算你的操作系統真比Windows好十倍，也幾乎不可能打敗微軟了。」

因為即使這位創業者將自主研發的操作系統推薦給用戶，用戶覺得確實好用，而且是國產操作系統，必須支持。但他一定會問：「我常用的辦公軟體、財務系統、資料庫、CRM（客戶關係管理系統）、ERP（企業資源規劃系統）……都在哪裡呢？」創業者只能回答：「這些暫時還沒有。但是你可以先用著，等用的人多了，那些軟體開

發商就會來開發了。」用戶表示：「這些是我每天工作必須用到的軟體，沒這些軟體，僅有操作系統是沒用的。還是等你的軟體齊全了，我再用吧。」

創業者只好去找軟體開發商，讓他們在他研發的操作系統上開發軟體。即使軟體開發商覺得這個操作系統不錯，他也一定會問：「你有多少用戶呢？」創業者只能回答：「我們還沒有用戶，但是你先開發，等應用軟體齊全了，用戶自然就會來了。」軟體開發商則表示：「為你開發軟體，我需要投入400個人幹三年，還是等你用戶過億，再來找我吧。」

沒有用戶，就沒有應用軟體；沒有應用軟體，就沒有用戶。國產操作系統的對手其實從來都不是微軟，而是一條「前進一步，後退三尺，愈競爭愈遙遠」的負向增強迴路。（見下頁圖4-10）

即便優秀如蘋果公司，它挑戰負向增強迴路20年，如今蘋果電腦的市場占有率依然不到10%，大量的人還是在使用Windows系統。

這就是「富者愈富」這個模型的力量。

什麼是「富者愈富」？「富者愈富」的全名是「富者愈富、窮者愈窮」。戴上洞察力眼鏡，你會發現它的本質是，**當資源總量有限時，搶到最多資源的正向增強迴路會啟動所有競爭者的負向增強迴路，導致贏家通吃。**

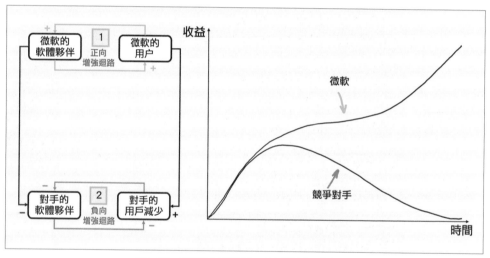

圖4-10 「富者愈富基模」的因果循環趨勢圖

那怎麼辦？

蘋果公司決定不為打翻的牛奶哭泣，轉戰下一個戰場，建立全新的正向增強迴路，等待微軟迎戰。這個戰場就是手機領域。

在iPhone的世界裡，當App開發商和手機用戶之間「你愈多我愈多、我愈多你愈多」的正向增強迴路正式浮出水面時，微軟大吃一驚，趕緊加入戰局。但是蘋果的「富者愈富」模型已經成型，強大如微軟，也只能變得「窮者愈窮」。

微軟新任CEO薩蒂亞‧納德拉（Satya Nadella）決定，不為打翻的牛奶哭泣，放棄手機業務，轉戰下一個戰場，建立全新的正向增強迴路，等待蘋果迎戰。這個戰場，就是雲端運算領域。

所以，要想解決「富者愈富」模型帶來的「窮者愈窮」的問題，方法就是不要戀戰，你拿下一局，我就跑步進入下一局。

20世紀末、21世紀初，大量以愛國之名拿著國家補貼開發PC操作系統，挑戰「富者愈富」模型的公司，最終無一倖存。如果它們沒有戀戰，而是跑步進入下一局，發展材料技術、基因科技，甚至是人工智慧，也許今天中國已經有100個華為公司了。

回到開篇的問題。「一個比微信好十倍的產品，能不能打敗微信？」答案是否定的。打敗微信的，可能是抖音，

可能是穿戴裝置，可能是人工智慧，但不會是一個比微信好十倍的微信。

四個「總量有限的資源戰場」

那麼，在商業世界中，有哪些「總量有限的資源戰場」必須要跑步進入，以免別人成功構建「富者愈富」模型，啟動我們的「窮者愈窮」呢？你需要關注下面四點。

第一，用戶。

前文提及的PC操作系統、手機應用程式商店以及微信，都是在「用戶」這個總量有限的資源戰場裡競爭，用自己的正向增強迴路，啟動別人的負向增強迴路。

這場競爭，旁觀者驚心動魄，參與者一路狂奔。

第二，資本。

本金愈大，投資收益愈大；投資收益愈大，本金愈大。這個正向增強迴路一旦形成，也很難扭轉。

比如，科技愈來愈先進，世界愈來愈文明，人類的貧富

差距也愈來愈大。

2010年，全世界最有錢的388人所擁有的財富，超過最貧窮的那一半人口的財富總和。388人，一架「波音747」飛機就能裝下。2014年，這個數字變成了85人，一節高鐵車廂就可以裝下。2015年，這個數字變成了62人，一輛大巴就能裝下了。2017年，這個數字已經變成了8人，一輛商務車就足夠了。

在「資本」這個總量有限的資源戰場，搶到最多資本的正向增強迴路，必然會啟動所有貧困者的負向增強迴路，導致「富者愈富、窮者愈窮」。

第三，規模。

有些產業的競爭，本質上是規模之爭。

比如延長線產業的競爭。假設做1個延長線模具的價格是100萬元，A公司用這個模具生產了1萬個延長線，每個延長線均攤模具成本100元；B公司生產100萬個延長線，均攤成本降到了1元。假如材料成本是30元，為了不虧本，A公司必須將延長線賣到130元以上，B公司則可以只賣31元。

定價31元當然比定價130元賣得好，於是B愈賣愈多，均攤價格愈來愈低，然後就賣得更多；A愈賣愈少，均攤價格愈來愈高，然後就賣得愈少。

規模效應，是「富者愈富」基模的一個別名。

第四，品牌。

愈有品牌，客戶和優秀資源就愈會向你聚集，你的品牌光環就會愈光芒四射，然後品牌價值愈高。對個人也是一樣。

我曾給一家創業公司投過50萬元，但後來專案失敗了。雖然我們沒有「股轉債」條款，但創辦人對我說：「我承諾過你，如果賠了我承擔。我會說到做到。」

後來，他真的每個月都給我轉一萬多塊錢。過了一段時間，我說：「不用轉了，這些錢就留在你那裡。以後不管你創業做什麼，把它折成我的股份就好。」

最需要理解通吃模組的是身處資源總量有限戰局中的創業者。這些戰局是：用戶戰局、資本戰局、規模戰局和品牌戰局。它們就是你的商業和人生中最終可以贏家通吃的起跑線。

五、鎖死模組：
你所謂的務實，
可能只是目標侵蝕

這一篇，我將向你介紹「鎖死模組」，也就是九大基模中的最後兩個基模——惡性競爭和目標侵蝕，並試著用它們預測未來。

 **惡性競爭**

20世紀50—60年代，美國菸草業競爭非常慘烈。為了搶占用戶，當時還合法的香菸廣告，成了各品牌最重要的戰場。而這些廣告，在今天看來簡直是誘騙。

比如鴻運香菸（Lucky Strike）的廣告文案是：與其吃

顆糖，不如抽根鴻運菸；Tipalet香菸的廣告文案是：往女伴臉上吹一口菸，她就什麼都聽你的；萬寶路（Marlboro）甚至用孩子的照片，借助他的口吻說：媽媽，你一定很享受你的萬寶路香菸。

1971年，在全球禁菸運動的聲勢下，美國國會通過了禁止電視和廣播播放菸草廣告的法律。在這種情況下，請你用商業洞察力預測：鴻運香菸、Tipalet和萬寶路，哪一家菸草公司的利潤下降得最快？

答案出乎不少人的預料。這三家公司的利潤不但沒有下降，還都獲得了不小的增長。為什麼？

因為政府無意中幫助菸草業打破了一個叫作「惡性競爭」模型的詛咒。

在消費者的心中，能瞭解、信任，最後偏好的菸草品牌只有2～3個。每家公司都想成為其中之一，於是它們會用「投放廣告，提高業績；業績提高，減少投放」這個調節迴路，來搶占並保持自己在消費者心中的認知地位。這就是**廣告的本質，一個消費者心智的調節迴路。**

然而，猛烈的廣告投放雖然可以提升自身品牌在消費者心中的地位，但是會帶來一個副作用：加強別人的調節

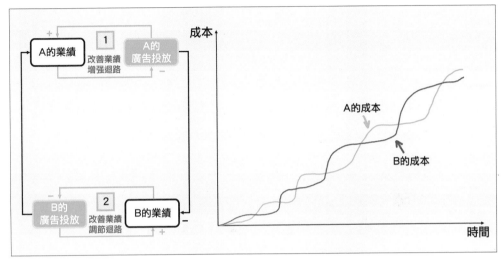

圖4-11　「惡性競爭基模」的因果循環趨勢圖

迴路。

　　舉個例子。假設在A、B兩家公司打廣告之前，兩家公司各賺100萬元，共計200萬元。但A公司花20萬元發起「廣告戰」後，利潤明顯增加，B公司的利潤就相應驟減。為了挽回損失，B公司決定花40萬元迎戰，A公司的利潤因此下跌。A公司一咬牙，決定花100萬元反擊。B公司一跺腳，決定也花100萬元再戰。最終，A公司和B公司的總收入還是200萬元，卻憑空多花了200萬元廣告費，利潤雙雙降為零。利潤清零，但是它們都不敢停止投放廣告。兩家公司都在大喊：「別打了，別打了，我數1、2、3，我們同時放下槍，1——2——3——」然後……兩家公司又雙雙加大了廣告預算。（見上圖4-11）

　　這就是惡性競爭。我們戴上洞察力眼鏡，就會發現**惡性競爭的本質，是你自我修復的調節迴路傷到別人，從而加強了對方的調節迴路，又反過來傷害到你。**

　　惡性競爭還有另外一個名字——「囚徒困境*」，它必將導致A、B的成本呈螺旋狀上升，最後兩敗俱傷。類似的例子有價格戰、軍備競賽等。

　　回到1971年，其實，禁止菸草業在電視、廣播做廣告的提案就是菸草業自己提交的。菸草公司誰也不會先放下槍，所以請求政府數「1、2、3，同時放下」。然後，整個產業的利潤大增。

　　惡性競爭，聽上去很「惡」，但它在很多機構手中是武器。比如某些網站的競價排名廣告，就是利用高效的惡性競爭模型，讓廣告主「不漲價，就出局」，以收取最高可能的廣告費。

　　那怎麼破解惡性競爭呢？要讓合作的收益大於背叛的誘惑，構建某種默契的協議、穩定的均衡。

---

*囚徒困境是賽局理論的非零和賽局中具有代表性的例子，反映個人最佳選擇並非團體最佳選擇。或者說在一個群體中，個人做出理性選擇有時卻會導致集體的非理性。

🔍 目標侵蝕

20世紀80年代，美國有一家突然爆紅的高階電腦公司，叫作「神奇科技」（Wonder Tech）。因為掌握了獨特的技術，神奇科技幾乎控制了高階電腦這一利基市場，每年的業績都在翻倍，訂單遠遠超過他們的生產能力。

然而，這也導致了交貨延遲。

神奇科技的目標當然是讓客戶最快拿到貨。一開始，他們對「最快」的定義是八週。但因為訂單太多，他們無法做到。神奇科技採取的解決辦法不是擴大產能，而是降低目標——把承諾八週的交貨時間調整為九週、十週。顧客投訴收貨慢，他們辯解道：「我們一直以來都保持著90%的準時交貨率。」但這個「90%」是降低目標，延長承諾交貨時間的結果。

就這樣，神奇科技不斷「透過降低目標來實現目標」，他們甚至公開說：「我們的電腦如此優秀，顧客願意等14週。」之後，交貨期又延長到了令人髮指的16週。神奇科技在消費者心中的形象一落千丈，公司業績也因此大跌。怎麼辦？神奇科技決定加大對其電腦產品的行銷。不過業績在短暫提升後，又迅速下滑。最後，神奇科技宣布

破產。

戴上洞察力眼鏡，你會發現縮小現實與目標之間差距的方式有兩種：改進行為和降低目標。**當用改變行為這一調節迴路縮小差距遇到阻力時，改為用降低目標這一調節迴路來縮小差距的方法，就是「目標侵蝕」。**（見圖4-12）

目標一點點被侵蝕，你愈來愈舒適，卻離真正的目標愈來愈遠。

你可能會覺得：這種愚蠢行為，現實中不會存在吧？當然存在，而且隨處可見。

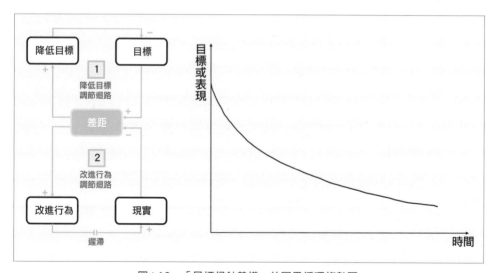

圖4-12 「目標侵蝕基模」的因果循環趨勢圖

　　我每年至少要坐100多次飛機，一直對國內航空公司的「延誤率」深惡痛絕。突然有一次，我注意到航空公司標注的從上海到北京的預計飛行時間從多年的2小時改為2小時20分鐘。

　　各大航空公司的延誤率因此大大降低。航空公司找到了一條降低「延誤率」的方法：透過延長預計飛行時間的方法侵蝕目標。乘客還抱怨怎麼辦？只需要把預計飛行時間延長為24小時，就可以將延誤率降為零。

　　目標侵蝕，可以讓人的自我感覺處於最佳狀態。但是正如英國小說家毛姆（William Maugham）所說：只有平庸的人，才總是處於最佳狀態。

　　有一次，我和某位創業者聊天。在聊到新年目標時，他說：「我的新年目標是在產品上有長足的進步，銷售上有巨大的提升。」我嘆了口氣說：「我預測，你的目標一定能實現。」

　　既然目標能實現，為什麼要嘆氣呢？他不解。我說：「因為你定的這個『目標』過於模糊，給自己留下了『侵蝕』的機會。」

那怎麼辦呢？一定要明白確定目標。

就像2017年，阿里巴巴加大對菜鳥網絡*的投資時宣布了目標：5年內，要實現國內物流24小時必達，國際物流72小時必達。5年、24小時、72小時，阿里巴巴用非常明確的數字把自己置於做不到的風險中，而不是說「線上線下穩步提升，國內國際共同加速」。只有不給自己留餘地，才能一往無前。

「惡性競爭」和「目標侵蝕」都是調節迴路遇到調節迴路的模型，最後會導致兩條迴路相互作用，直至「鎖死」。最需要學習鎖死模組的是面對強大的競爭和艱難的目標時，身處困境的創業者——無論多困難，都要記住不要讓這兩條調節迴路互相鎖死。

---

*為阿里巴巴旗下將互聯網技術與物流業整合的物流公司。

六、預測練習：
沒人能看到未來，
但有人能看到什麼在影響未來

我們已經認識了用來分析甚至預測未來的四大模組、九大基礎模型。接下來，我帶你做兩個練習，回到兩個過去的時間節點，戴上洞察力眼鏡，試著用我們的理論推演一下，看看能不能清晰地還原時間線，看出未來的延伸線，把模型內化為預測能力。

🔍 微信小程序

2016年9月22日，微信把「應用號」更名為「小程序」，並開始做內部測試。在內部測試的邀請函中，微信寫道：「小程序可以在微信內被便捷地獲取和傳播，同時

具有出色的使用體驗。」

當時的小程序是在如下背景中被研發出來的。

iPhone能獲得成功，「應用商店」產生了無可替代的作用。除了為蘋果創造了1300億美元以上的收入，應用商店還建立了開發者和用戶之間的「跨邊網路效應*」，付費更是增加了用戶逃離iPhone生態系統的轉移成本。

現在，請你用四大模組、九大基礎模型預測一下，微信推出「可以在微信內被便捷地獲取和傳播，同時具有出色的使用體驗」的小程序，蘋果會怎麼想？

你可以闔上書本，依次回顧一下九個「如果……就……」，仔細想想這種情況能對應到四大模組、九大基模中的哪一條。

答案是：蘋果會覺得自己遇到了「意外之敵」。

在中國，蘋果和微信的關係，就像沃爾瑪和寶僑的關係。你很難想像，沒有飛柔、潘婷、沙宣、海倫仙度絲這些寶僑旗下商品的沃爾瑪；你也很難想像沒有微信的iPhone。

---

*一邊平臺用戶數量的增加會影響另一邊使用群體的效果。

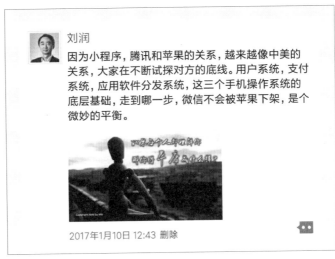

圖4-13

　　但是小程序把iPhone和微信拉入了「失控模組」中的「意外之敵」基模。不管張小龍是什麼性格，庫克是不是第二個賈伯斯，「意外之敵」基模都開始抓著他們的手下一盤早已寫好的棋：「如果」我們的行為誤傷到盟友，「就」會雙方對抗，然後兩敗俱傷。

　　三個多月後（2017年1月9日），微信小程序正式上線。一天後，我在朋友群組發了一篇貼文：

　　「因為小程序，騰訊和蘋果的關係，愈來愈像中美的關係，大家在不斷試探對方的底線。用戶系統，支付系統，應用軟體分發系統，這三個手機操作系統的底層基礎，走到哪一步，微信不會被蘋果下架，是個微妙的平衡。」（見圖4-13）

雖然騰訊很克制，不允許占蘋果應用商店70%收入的遊戲在小程序上架，但蘋果還是做出了反應：大約三個月之後（2017年4月19日），蘋果宣布向微信公眾號打賞收取30%的費用。蘋果官方表示，收費不是針對微信，我們一視同仁；微信官方表示，小程序不是針對蘋果，只為用戶體驗。

五個月後（2017年9月），騰訊高階主管集體拜訪了蘋果。隨後（9月18日），蘋果宣布不再對個人打賞收費。馬化騰說：「騰訊與蘋果之爭，實際是一場誤會。」

那麼，這場「意外之敵」的爭鬥就結束了嗎？並沒有。又過了三個月左右（2017年12月28日），微信推出了自己的著名遊戲「跳一跳」，並允許開發者在小程序中上架遊戲。庫克心中剛放下的石頭，又提了起來……

蘋果賣出去10億支手機，微信有10億用戶。誰都離不開誰，又要互相提防。在「意外之敵」模型下，這一對歡喜冤家的棋，還遠沒有到終局。而只有心中有「意外之敵」的基模，才能在觀棋時笑而不語。

共享單車

我們把時間調回到2018年。曾被戲稱為「限制行業發展的最大因素是顏色不夠用了」的共享單車行業，發生了兩件大事：第一件，4月，摩拜單車被美團收購；第二件，曾用芝麻信用分數免押金租車的ofo小黃車，改回收取199元押金。（見圖4-14）

從這兩則新聞中，你看到了四大模組、九大基礎模型中的哪些基模？你預測一下，有什麼大事將要發生？闔上書本，認真想一想。

圖4-14

答案是：這兩則新聞顯示，共享單車行業出現了公地悲劇、富者愈富、捨本逐末和飲鴆止渴這四個基模。

(1) **公地悲劇**。道路資源是一片無人付費的公共資源，共享單車行業的無節制搶奪必然導致公地悲劇。

(2) **富者愈富**。贏得共享單車業，不需要贏在終點，只需要贏在臨界點。

(3) **捨本逐末**。賺錢的根本解是向用戶收費，但是因為競爭，所有人把價格降到1元、0.5元、包月，甚至免費，然後用投資人的錢治標不治本。

(4) **飲鴆止渴**。當投資不夠支撐成本怎麼辦？挪用押金。ofo小黃車從免押金改回收取押金，顯然是資金不夠用了。而挪用押金這件事，一旦起心動念，就無法回頭。

當你判斷出這四個基礎模型時，結局就再清晰不過了。這四個基模抓著共享單車行業各CEO們的手，開始下一盤他們身不由己的大棋。

2018年4月，摩拜單車被收購後，我在自己的公眾號發表了一篇文章*：

一切商業背後必須得有一個可行的商業模式，邏輯不對就走不下去。這就意味著，未來共享單車的收費必須提高，從一元提高到二元、三元甚至是五元。今天之所以還不敢提高，是因為競爭太慘烈。

那麼，競爭會在何時停止呢？我的觀點是，摩拜單車和ofo小黃車必須有一家出局，或者其中一家明顯獲勝。還有一種可能性，就是其中一家做得很小，放棄了全國市場，只做一些它擅長的區域市場，兩家的差距才會迅速拉開。

最後一定會是強勢老大＋弱勢老二，或者兩家合併成一家的情況。也只有這樣，共享單車才敢收費二元。當然，我說的二元是個約數，本質上是共享單車一定要通過收費的方式回收成本。

我相信這個變化會在2018年之內發生，最晚不會超過2019年。

---

*劉潤，〈OFO等共享單車的悲喜劇：其實歷史早已埋下這處伏筆〉，公眾號「劉潤」，https://mp.weixin.qq.com/s/DOnroWtXD_52pA5ZblCbhQ，2018-11-29。

　　因為公地悲劇，共享單車領域的競爭愈來愈激烈。八個月後（2018年12月），ofo小黃車爆發全國性的「千萬人排隊退押金」，開始品嘗飲鴆止渴帶來的惡果。雖然咬牙堅持，但這個昔日巨頭幾乎瞬間退出了一線視野，行業進入了「強勢老大＋弱勢老二」的「富者愈富」局面。

　　三個月後（2019年3月），小藍車和摩拜單車雙雙漲價，每小時騎行費用都漲到了2.5元。捨本逐末的商業模式宣布結束，在「富者愈富」的局面形成後，回歸向用戶收費。

　　我並不是想炫耀自己的預測有多準確，只是想告訴你，作為商業顧問，利用好手中的九大基模，就可以在時間維度上多一些準備，少一些意外。而你學會了這些，也可以在自己的規劃中，把未知變成確定。

　　每個產業的人都覺得自己很特殊。但是，我們常常高估自己的特殊性，低估共性。在商業本質面前，產業與產業的差異其實很小；在基礎模型面前，歷史總是一再重演。

　　沒有人是神，可以準確地看到未來。但是我們可以透過模型，看到影響未來的力量。你，是否也從模型的力量中，看到了未來呢？

洞察力是一種愈練習愈強大的技能，而不是只看一眼就能獲得的知識。就像三步上籃的規則是知識，但是喬丹像飛人一樣的三步上籃是他終身練習才獲得的技能一樣。洞察力，需要終身練習。

在瞭解了如何建立模型、解決難題、洞察人心、預測未來後。這一章，我將向你傳授終身練習洞察力的方法，依次幫你建立「公式思維」、「層次思維」和「演化思維」，並給你三套劍法，讓洞察力伴你一生。

Chapter

5

訓練場四：終身練習

一、公式思維：
從上帝手中「偷」地圖

在日常工作和生活中，你是不是經常聽到或者自己總說「誒，對了，你看這樣行不行」這樣的話？這是散點思維的典型表達句式。

商場業績不好，老闆問怎麼辦。一位員工冥思苦想，突然靈光一閃，說：「誒，對了，你看這樣行不行？我們裝個從一樓到地下一樓的滑梯，在下面賣玩具，這樣孩子們就都會被吸引過來了。」

這個主意也許確實不錯。但是，這種「靈光一閃」是怎麼出現的呢？可能連這位員工自己都不知道。下次遇到另一個問題，他又作冥思苦想狀，等待靈光一閃。但是萬一靈光不出現呢？萬一乍現的不是靈光，而是餿主意呢？

這就好比在拆解炸彈時，一位拆彈人員對自己的同事說：「誒，對了，你試試剪紅線，看看行不行？」這是要出人命的。

這種靠靈光一閃獲得點子的思維習慣就是散點思維。散點思維是偶然的，它的品質不可靠。生活中用它給朋友提意見、出主意可以，但用它來拆解真正複雜的商業問題絕對不行。

怎麼辦？這就需要我們練習破除散點思維，建立公式思維。

倒閉的明星火鍋店

為了讓你更好地理解公式思維，我舉個例子。

新聞上說，某明星開的一家火鍋店倒閉了。網友對這件事眾說紛紜：有人說明星開的餐廳十有八九會倒閉，因為他們不擅經營，應該請個好的經理人；有人說現在火鍋行業競爭太激烈了，應該換個賽道；還有人說，他們肯定是被人坑了，投資需謹慎等等。

各種各樣出於善意的建議也許各有道理，但這些都出自

散點思維，會讓身處困境者無所適從。而用公式思維拆解這個問題，我們就可以清晰地看到癥結所在，並提出對應的解決方案。具體怎麼做？

首先，我們要找到能準確描述餐廳經營邏輯的公式。

對高手來說，他們可以從系統模型中提煉出公式。但是對大多數人來說，學習由高手提煉出來的、被驗證過的公式非常重要。

我們可以用「銷售漏斗公式」——**銷售額＝流量×轉換率×客單價×回購率**，來分析餐廳的經營邏輯。

流量，就是來這家餐廳的總人數；轉換率，就是來這家餐廳的總人數中，真的會來吃飯的顧客人數所占的比例；客單價，就是來吃飯的顧客的平均消費金額；回購率，就是吃過這家餐廳的顧客中，會再來的顧客人數所占的比例。

理解了這個公式之後，你就會明白明星開的火鍋店為什麼會倒閉了。這是因為明星的影響力雖然確實可以在短時間內給餐廳帶來巨大流量，但是每家餐廳受制於固定物理位置，終究只能做固定範圍內的生意。一家餐廳要經營

三年以上，最終是要靠老顧客反覆光顧，才能維持以及發展的。

當你用「銷售額＝流量×轉換率×客單價×回購率」這個公式來思考，很容易就可以得出一個結論：餐廳的短期生意靠流量，長期生意靠回購率。

如果你正好有個明星朋友要開餐廳，向你徵求意見，建議你千萬不要說「誒，對了，你看這樣行不行」。因為這樣一來，很可能在他失去餐廳的時候，你也會失去這個朋友。你可以向他提出以下三個建議：

（1）明星自己負責用影響力給餐廳帶去流量；

（2）一定要找到有豐富經驗的經理人，幫助提高轉換率和客單價；

（3）千萬不要忘記持續監控菜品的品質，保證回購率。

當你能破除散點思維，建立公式思維時，整個世界在你眼中就不再是一個個「要素」，而是它們之間的「連接關係」。那些類似「銷售漏斗公式」的公式，就是高手們用洞察力從上帝手中「偷來」的地圖。

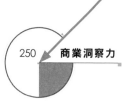
碳排放的分解公式

很多人認為，過量的碳排放是全球變暖的罪魁禍首。但是，如何解決碳排放的問題呢？專家們給出了成千上萬的建議：有人說要少開車，有人說不准燒煤炭，有人說這也限制、那也限制，那為什麼不限制呼吸？大家吵得不可開交。

微軟創辦人比爾‧蓋茲在一次TED演講中給出了一個解決碳排放問題的「分解公式」：$CO_2 = P \times S \times E \times C$

在這個公式中，P是people，人口；S是service per person，每個人使用的服務項目，比如開車代步、開壁爐取暖、燒烤等；E是energy per service，每項服務使用的能源；C是CO_2 per unit energy，每單位能源排放的二氧化碳量。

這個公式使解決碳排放問題的思路瞬間變得清晰：分別解決人口爆炸問題（P）、生活方式不夠環保的問題（S）、設備能源消耗大的問題（E）和產生單位能源的碳排放效率過高的問題（C），每個人、每個領域各司其職，共同努力，碳排放過量這個大問題就會得到解決。

除了上述兩個公式，用來破除散點思維的常用超級公式

還有哪些？

複利公式：

收益＝（本金＋複利）^時間

將這個公式銘記於心，你就會同時關注本金、複利和時間這三個要素以及它們之間的連接關係，並對它們進行調整，以獲得最大收益。

定倍率＊公式：

價格＝成本×定倍率

有了這個公式，你就會明白，價格和成本之間相對穩定的關係，是因為定倍率處於一個相對穩定的狀態。

用戶忠誠度公式：

用戶忠誠度＝我提供的價值－他提供的價值＋轉移成本

有了這個公式，你會明白，所謂的客戶忠誠，有可能不是因為你足夠好，而是因為用戶嫌轉移服務商這件事太過麻煩。

＊定倍率就是商品的零售價除以成本價得到的倍數。

　　讀到這裡，你是不是突然明白為什麼很多大型機構在招募真正優秀的人才時，會問「上海有多少輛自行車」這樣讓人感到無所適從、沒有正確答案的問題。因為一個人要回答這種問題，幾乎必須建立公式，然後合理預估公式中的每個變量。這道題的目的，就是檢驗前來面試的人有沒有用公式思維從上帝手中偷地圖的能力。

　　要獲得非凡的洞察力，必須練習破除散點思維，建立公式思維。但你需要記住，掌握最接近要素間連接關係的公式是關鍵，這需要我們終身練習。自以為掌握了公式，而用錯誤的、不準確的、顆粒度大＊的公式強行解決問題，不但無法解決問題，還可能造成嚴重的後果，切忌買本《本草綱目》就去行醫。

＊顆粒度是指想法或概念具體的詳細和清晰程度。因此顆粒度愈小，表示細節愈詳盡，有助於掌握全貌；顆粒度愈大，表示細節愈少、想法偏抽象概括。

二、層次思維：
如何像頂尖高手一樣俯視問題

假設你是一名軍官，你帶領主力部隊埋伏在山頭，等待上級指示。而你好兄弟的部隊正在鄰近的山頭和敵人浴血奮戰，眼看著就要敗下陣來。按照上級的命令你只能按兵不動，但如果不趕緊支援，好兄弟的部隊必然全軍覆沒。你心急如焚，怎麼辦？救還是不救？

一個部下看到你有些動搖，勸你遵守上級的命令。另一位部下卻表示：「為什麼不救？這可是幾百條人命啊！」

幾百條人命固然重要，但這種重要只是「局部」的重要。一旦部隊出動支援，就會暴露主力部隊的位置，可能破壞整個作戰計畫，輸掉整場戰爭，造成更大的犧牲。只關注「一草一木、一兵一馬、一城一池」的得失，看不到

更高層次的目的，最終可能用救幾百人的方法，幫助敵人殺害自己幾萬人。

這就是局部思維。系統模型中要素之間的連接關係是有層次的。**局部思維指的是只關注低層次關係，而看不見高層次目的的思維習慣。**「其他我不管，這才是最重要的！」是表達局部思維的典型句式。它的可怕之處在於，讓我們用快意恩仇的方式贏得一場戰役，卻用悲天憫人的方式輸掉整場戰爭。

要想擁有非凡的洞察力，必須破除局部思維，練習建立層次思維。

什麼是層次思維？

人體內的各種功能的細胞構成了心臟這種器官，心臟是比細胞更高的層次。心臟、脾胃、腎等器官又構成了人體這個生命，人體是比器官更高的層次。細胞、器官、人體，就是三個從低到高的層次。

大部分人生病時不會說：「每個細胞都是我的家人，我要保護每一個無辜的細胞，其他我不管，這是最重

要的！」

這種情況下大部分人都明白細胞服從器官、器官服從人體的道理。因為雖然人體最終是由細胞構成的，但是人體顯然大於所有細胞之和。如果為了人體健康的需要，殺死一些細胞，甚至切除部分器官，這樣的代價都是可接受的。

這就是**層次思維——用「整體大於局部之和」的思維方式，洞察層層疊加的系統模型。**

擁有層次思維的人總是能站在更高的位置思考問題，看到更大的格局；而頂尖高手，總是能從最大的格局俯視難題。

比如，到底是什麼決定了企業的興衰存亡？

面對這個問題，擁有局部思維的人會說是產品，產品不好一切都是空談；有人說是管理，不能匯聚人的力量，無事能成；有人說是合作夥伴，沒有優秀的社會協作網絡，寸步難行。用這些局部思維解決問題，如同盲人摸象。

而擁有層次思維的人可能會告訴你，是以下四個層次的要素決定了企業的興衰存亡。

第一層：時代。時代拋棄你的時候，連一聲再見都不會說。

第二層：戰略。不要用戰術的勤奮，掩蓋戰略的懶惰。

第三層：治理。治理結構不對，什麼都不對。

第四層：管理。管理的本質，是激發善意。

在這四個層次中，時代高於戰略，戰略高於治理，治理高於管理。

理解了這四個層次，我們來試著當一回頂尖高手，分析真實的商業問題。

比如，柯達失敗的原因到底是什麼？有人說是因為CEO管理水準不夠。但實際上，無論柯達換管理水準多高的人做CEO，最後的結局可能都一樣，因為柯達的對手是整個時代。數位相機的新時代，必然取代底片相機的舊時代，而柯達的利益都來自底片。「時代」挑戰這個第一層次的問題，是無法用「管理」水準這個第四層次的能力解決的。這也是很多人說「你有一個永遠打敗不了的對手，那就是時代」的原因。

🔍 建立「層次思維」

那怎樣才能建立層次思維呢？你可以不斷追問自己：我眼前看到的整體，會不會是一個更高層次的局部？

2018年，電影《我不是藥神》備受關注。這部電影講述了慢性骨髓性白血病患者吃不起四萬元一盒的天價原廠藥，透過主人翁購買便宜的盜版藥來維持生命的故事。可是這樣做會使藥廠利益受損，於是藥廠請求警方嚴打盜版藥，導致很多病人既吃不起正版藥，又吃不到盜版藥，最終失去生命。

很多人看完這部電影感到特別傷心，一個個生命，在商業利益面前被無情犧牲，觀眾們覺得藥廠罪大惡極。你讚同他們的觀點嗎？

我們不做「對、錯、好、壞」這種價值判斷，試著用層次思維來思考這個問題。

首先，站在「患者」的層次來看這件事，每個人都有活下去的權利，所有的不幸都應該被照顧，這毋庸置疑。這也是很多反對藥廠嚴打盜版藥物的觀眾的善心所在。

　　接著，我們追問自己：自己眼前看到的「患者」，會不會是一個更高層次的局部？

　　白血病患者之所以有藥可吃，是因為有人發明了藥；有人發明藥，是因為他們希望賣藥的收入能覆蓋前期研發藥物投入的資金；而要在小病種上收回幾十億美元的研發投入，只能將藥價定高；如果盜版藥泛濫導致藥廠倒閉，很多藥廠可能就不會再斥巨資研發用於治療小病種的藥物。這樣一來，未來可能會有百倍甚至千倍於當前數量的患者死於無藥可吃。比「患者」更高的一個層次，是患者、藥廠組成的「共同體」。「共同體」這個層次必須健康，才會有「患者」這個層次的希望。

　　接著，我們再追問自己：自己眼前看到的「共同體」，會不會又是一個更高層次的局部？

　　「共同體」的健康，必須以看著窮人死去為代價嗎？當然不是。

　　我們再往上走一層，站在國家「治理」產業的高度，俯視問題。某種病的患病率很低，可病人一旦患病就要花天價吃藥，這是保險最擅長解決的問題。把這種「天價藥」納入保險範圍，讓低機率、大影響的風險在海量人群中被

均攤掉，也許是解決這個問題的最好辦法。

　　現在，我們看清了《我不是藥神》這部電影中主要矛盾的三個層次：患者、共同體、治理。我們不評判對錯好壞，只思考如何解決問題。站在「治理」的層次，重新建構患者、藥廠、保險這三個要素之間的連接關係，才能找到問題的根本解。

　　破除局部思維，建立整體大於局部之和的層次思維，洞察層層疊加的系統結構，是值得你終身練習的技能。

三、演化思維：
你要學哪個版本的谷歌

如果你是一名創業者，有一天收到了谷歌的內部邀請，讓你做谷歌的觀察員，任何辦公室隨便看，任何會議隨便參觀，任何人員隨便發問，但時間只有一個月，你會去哪個部門、做什麼？

有人說：「我要去技術部，看看他們是怎麼開發出這麼厲害的產品的。」有人說：「我要去人力資源部，看看他們到底是怎麼招聘、管理員工的。」有人說：「我要去Google X未來實驗室，看看谷歌有多麼注重對未來的投資。」

這些都特別值得看，我對它們也很感興趣。但如果只有一個月，我會選擇飛奔到谷歌的檔案室，如饑似渴地翻看

谷歌的歷史文件。雖然我對谷歌今天在做什麼很感興趣，但我更感興趣的，是谷歌是怎麼走到今天的。

 谷歌是靠什麼成功的

你也許會問：「難道谷歌正在做的事情，不是谷歌走到今天的原因嗎？做正確的事情，是跨越時間的永恆的真理吧？」

這是典型的「靜止思維」。**擁有靜止思維的人，會用不變的眼光看待變化的事物。他們不知道的是，另一個階段的蜜糖，可能是這一個階段的砒霜。**他們喜歡說：「這是跨越時間的永恆的真理！」

2017年，有一本書很流行，叫《Google模式》（*How Google Works*）。書中說，谷歌之所以能獲得今天這樣的成功，最主要的原因之一是谷歌堅持僱用最優秀的人才。

這看上去十分有道理，如今能在谷歌工作的，都是全世界最優秀的人才。沒有優秀的人才，就不會有偉大的公司。讀者心服口服：「『堅持僱用最優秀的人才』，這是跨越時間的永恆的真理！」

　　但是，真是這樣嗎？

　　現在我們把「靜止思維」丟在一邊，換上**「演化思維」──一種給所有事情加上一條時間軸，觀察事情在時間軸上變化的思維。**

　　我們把時間軸拉回到谷歌剛剛創業的時期，當時它的規模很小、辦公室很破、完全沒找到商業模式。這樣的谷歌真能僱用「最優秀的人才」嗎？很難。

　　馬雲曾開玩笑說，阿里巴巴在早期創業時，只要不是太殘疾的人，都被他們招來了。為什麼？創業早期的時候，公司待遇不高、前途不明、風險很大，並不被看好，因此很難招到優秀的人才。

　　其實，早期的谷歌像早期的阿里巴巴以及今天你我的創業公司一樣，很難招到優秀的人才。是它後來的成功，吸引了「優秀的人才」，而不是所謂「優秀的人才」造就了後來的成功。

　　那谷歌是靠什麼走到今天的呢？

　　和阿里巴巴一樣，恰恰是谷歌早期那些也許並非「最優秀」的人，依靠他們的創業精神、產品勢能、戰略思考和

不懈努力，把自己變得「更優秀」，才帶領谷歌獲得了爆發性的成功。

所以，你要學哪個版本的谷歌？是靜止的，還是演化的？

對一些連房租可能都快付不起的新創公司來說，不要抱怨招不到優秀的人才，公司必須要先變得優秀。「堅持僱用最優秀的人才」這個谷歌成功後的蜜糖，可能是把你毒死在創業期的砒霜。

海爾最全盛的時期，每年僅參觀接待的收入就有6000多萬元。可是有那麼多人向海爾學習，全中國也只有一個海爾。為什麼？因為大部分人都是用靜止思維學海爾的今天，卻沒有順著海爾的時間軸，去學習它最重要的演化過程。

 ## 如何練習演化思維

那麼，如何才能終身練習自己的演化思維呢？給萬物裝上時間軸，看過去，看現在，看未來。

第一，看過去。

要想學習如何變得先進，最基本的方法就是「看過去」。學習谷歌，要學習2000年的谷歌；學習蘋果，要學習1997年的蘋果；學習微軟，要學習1985年的微軟。

2019年1月，我帶領20多位企業家飛往西雅圖參訪微軟總部。微軟最高級別的華人高階主管沈向洋先生接待了我們，並講解了微軟轉型的努力。同時，我特意邀請了一位在微軟工作了29年的員工，與大家分享微軟如何「一路走來」。

這就是「看過去」。假如你真的可以作為觀察員在谷歌學習一個月，我建議你把加入谷歌20年、10年、5年、2年和最近新加入的員工都請來談一談，聽聽他們過去做過的那些艱難的決定。

第二，看今天。

為什麼外商的明星職業經理人去民營企業擔任CEO時，只有很少人能獲得成功？

　　這些明星經理人在外商管理著上萬人的公司，非常成功。來到民營企業後，卻發現公司的管理一片混亂：沒有報銷流程，沒有預算制度，沒有員工的考核制度，也沒有薪酬計畫。什麼都沒有，全都靠老闆拍腦袋做決策，公司能活到今天真是奇蹟！

　　於是他們大展拳腳，將報銷制度、審批制度、出差流程、員工手冊……各種各樣的規則都制訂出來了，可公司的業績反而下降了。怎麼會這樣？

　　如果給企業的發展裝上一條時間軸，它大概有三個時間刻度：創業期、成熟期、轉型期。明星經理人在外商擔任管理者，通常處於企業的「成熟期」，所以他們積累的都是大公司在成熟階段的經驗，認為流程、制度、績效考評等可以讓公司高效運行，從而獲益。大公司的光環使他們把這些管理手段當成了「跨越時間的永恆的真理」。

　　而如今很多民營企業都處於創業期。當明星經理人把「成熟期」企業的蜜糖帶入「創業期」的民企時，蜜糖就變成了砒霜。

　　對自己有不偏不倚的自我認知，是「看今天」的關鍵。

第三，看未來。

請你思考一個問題：是創新好，還是模仿好？估計大部分人都會說：「當然是創新好。這是跨越時間的永恆的真理！」真的是這樣嗎？不一定。

著名經濟學家約瑟夫‧熊彼得（Joseph Schumpeter）給「創新」這件事裝上了一條時間軸，並在上面畫了三個時間刻度。

第一個時間刻度：創新。企業家開發出全新的產品，或者大幅度提高了既有效率。

第二個時間刻度：熊彼得租金。創新者享受一段時間受保護的超額收益。

第三個時間刻度：模仿。大量後來者不斷追趕，終於可以做出同樣水準的產品，競爭導致創新者喪失優勢，收益攤薄，消費者受益。

創新、熊彼得租金和模仿是首尾相連的三個時間刻度。在第一階段，你一定要在創新的道路上一路狂奔；在第三階段，只有模仿，才能縮小你和對手的巨大差距。所以，是創新好還是模仿好，取決你處於哪個階段。但無論你身

處哪個階段，都要有看未來的意識。

今天的中國，大量的模仿帶來了過度競爭。如果看向未來，下一個創新的週期，其實就在門前。做原子彈不如賣茶葉蛋的時代即將過去，堅信創新的價值，才能贏得未來。

上一秒正確的事情，下一秒可能就是天大的謬誤。給所有事情加上一條時間軸，觀察事情在時間軸上的變化，別讓蜜糖成砒霜。

四、三套劍法：
儲備模型、不斷追問、多打比方

破除散點思維，建立公式思維，能幫你升級到二維認知世界，「關聯地」看問題；破除局部思維，建立層次思維，能幫你升級到三維認識世界，「整體地」看問題；破除靜止思維，建立演化思維，能幫你升級到四維認知世界，「動態地」看問題。

公式思維、層次思維、演化思維，是終身練習洞察力的心法。但只有心法是不夠的，我們還需要三套終身練習洞察力的劍法。

儲備模型

擁有洞察力的人，在給別人分析問題的時候，通常這麼說話：「你遇到的這個問題，主要出在產品、行銷和通路三個環節中的通路環節。高效的銷售通路，與流量、轉換率、客單價和回購率有關。廣告給你帶來了初期流量，但是品質沒有給你帶來回購率。你的產品品質不錯，缺的是讓滿意的用戶向朋友推薦的工具。試試『社交裂變』吧。」

這段話中有以下幾個模型：

（1）**產品能量模型**：產品提供勢能、行銷和通路把勢能轉化為動能；

（2）**通路銷售漏斗模型**：銷售額＝流量×轉換率×客單價×回購率；

（3）**廣告流量因果鏈**：廣告增強了流量；

（4）**品質回購因果鏈**：品質增強了回購；

（5）**裂變傳播因果鏈**：裂變增強了傳播。

要想快速得出「試試社交裂變」這樣的結論，你需要將

這五個模型和因果鏈提前植入腦中，現場發明和重畫是來不及的。

把「半年洞察本質」，提升為「半天洞察本質」甚至「半秒洞察本質」，依靠的主要是你儲備的優秀模型庫。

 不斷追問

「授人以魚不如授人以漁」，這本書雖然不能將所有的模型提供給你，卻可以告訴你如何建立自己的模型——關鍵在於不斷追問。

哈佛大學的行銷學教授西奧多・李維特（Theodore Levitt）曾經說過一句著名的話：「顧客不是想買一個1/4英吋*的鑽孔機，而是想要一個1/4英吋的孔洞！」

李維特用他卓越的洞察力，在「眾生畏果*」的時候建立了一條因果鏈：顧客「需要一個孔洞」增強了「買鑽孔機」的欲望。這是一條隱藏的「增強的因果鏈」，李維特教授點醒了眾人。

＊1英吋等於2.54公分。
＊佛學用語，原文為「菩薩畏因，眾生畏果」，意思是有智慧的人知道是原因造就果報，從起心動念就開始謹慎小心，一般大眾只在乎結果的好壞，沒有思考造成結果的原因。

　　但是，此時我們應該繼續追問：顧客真的是想要一個1/4英吋的孔洞嗎？其實不是。顧客想要的是把照片掛在牆上。這條因果鏈會繼續往上延伸：「需要把照片掛在牆上」的因，增強了「需要一個孔洞」的果。如果你能找到這條藏得更深的因果鏈，就可能產生很多奇思妙想：掛照片為什麼要打洞呢？用不傷害牆面的強力膠不是更好嗎？或者用磁性牆呢？你可能會因此找到巨大的商業機會。

　　這時，我們依然可以繼續追問：顧客真的是想把照片掛在牆上嗎？其實也不是。顧客真正想要的是留住最美好的瞬間，時時回味。這條因果鏈，繼續往上延伸：「留住美好的瞬間」的因，增強了「需要把照片掛在牆上」的果。其實，留住美好瞬間的方法有很多，比如影片和能識別人臉、地點、場景的人工智慧儲存裝置。你只需要對著電視說「我想看看兒子小時候在海邊的照片」，人工智慧儲存裝置就能馬上配好音樂自動播放照片。這可能又是一個巨大的商業機會。

　　從買鑽孔機到需要一個孔洞，到需要掛照片，再到需要留住美好的瞬間。逆著這條長長的因果鏈，不斷向上追溯，你會不斷磨練自己的洞察力，直到能夠一針見血。

🔍 多打比方

打好一個比方，通常有三個步驟：

（1）找到你要描述的陌生事物的本質；

（2）在你的模型庫裡，匹配有相同本質的、大家熟悉的事物；

（3）用這個熟悉的事物，解釋那個陌生事物。

看過上述的步驟你會發現，要想打好比方，你需要同時具備建立新模型和儲備舊模型的能力。它是一個訓練洞察力的十分高效的方法。

有一次，我帶領我的企業家私人董事會去小米參訪。小米的聯合創辦人劉德熱情地接待了我們。我問劉德：「在小米的生態鏈中，有很多既不『高科技』，也不『智慧』的產品，它們沒有感測器，沒有軟體，有的甚至就只是日用品，比如毛巾、床墊等。小米不是要做『科技界的無印良品』嗎？怎麼真的做起無印良品的產品來了呢？科技在哪兒呢？」

劉德回答：「這類生意對小米來說，是『烤地瓜生意』。」

因為小米發展到今天，已經擁有3億用戶，其中2.5億是活躍用戶。他們除了需要手機、行動電源、手環等科技產品之外，也需要毛巾、床墊等高品質的日用品。所以，與其讓這些流量白白耗散掉，不如轉換成一些營業額。就像一個火熱的爐子，與其讓它的熱氣白白散了，不如借助餘熱順便烤一些地瓜。

小米做這些產品的原因，是防止大量流量背後的用戶需求被白白浪費。劉德明明可以發明一個詞，比如「流量溢出」，然後再花半小時時間解釋這個詞。但是，大多數傳統企業家很難在聽到這個詞的瞬間就理解「流量溢出」這個概念。於是他搜索自己的「模型庫」，發現「烤地瓜」有著同樣的本質。於是，他用「烤地瓜生意」來解釋小米生態鏈的邏輯，短短五個字就把整件事情概括清楚了，通俗易懂而又透澈傳神。

你也許認為，打比方是一件十分簡單的事，但是打比方這個能力特別「高級」，因為一個人要同時理解兩件事的本質，才能將比方打得讓人拍案叫絕。實際上，打比方的能力是知識遷移的能力，最高的洞察力也是流動的、遷移的。我在介紹基模時為你介紹了大量的應用場景，就是希望你能培養不斷回歸事物本質，學會遷移內在規律的

能力。

　　前人的思考，都凝結在優秀的模型中。儲備模型，可以避免讓我們重新頓悟別人的基本功；但是，儲備模型，不能取代建立模型的能力。不斷追問，建立模型，才是屬於自己的洞察力；多打比方是種高級能力，只有你同時理解兩件事情的本質關聯，才能打出精妙的比方。儲備模型、不斷追問、多打比方，就是終身練習洞察力的三套劍法。

五、敬畏萬物：
我們永遠不可能成為上帝

這是本書的最後一篇文章。通過前面的內容，我們獲得了很多新知，但我們依然有更多的未知。學習了系統動力學，提升了洞察力，我們依然要懂得敬畏萬物，知道人類洞察力所能觸達的邊界。

🔍 複雜度災難

　　1987年，一位年輕的美國億萬富翁艾德・巴斯（Ed Bass）資助了系統生態學家約翰・艾倫（John Allen）2億美元，用於研究人工複製地球的生態系統，以便未來太空移民。

　　乍一看，這著實是個偉大的工程。但擁有洞察力的你立刻會明白，「複製地球」的核心是畫出地球系統中各種「變量」（比如動植物、水、空氣、人類等）之間無法估量的「因果鏈」（比如動物消耗氧氣、溫差導致風、植物儲存太陽能等），以及各種或明顯或隱藏的「增強迴路」（比如昆蟲一旦增多就會愈來愈多，直到造成災難）、「調節迴路」（比如昆蟲一旦減少，植物就會無法授粉）、「遲滯效應」（比如有些作物秋天才能收穫）等。這是現在的人類能做到的事情嗎？

　　艾倫教授決定試一試。他在亞利桑那州的沙漠裡建了一個占地12萬平方公尺、容積超過20萬立方公尺的與世隔絕的玻璃房子。他把地球叫「生態圈I號」，把這個玻璃房子叫作「生態圈II號」。

　　然後，他在「生態圈II號」裡活生生地建出了五個野生生物群落（熱帶雨林、熱帶草原、海洋、沼澤、沙漠）和二個人工生物群落（集約農業區和居住區）。並經過精確計算，選擇了4000個物種，讓它們進入「生態圈II號」。其中包括軟體、節肢、昆蟲、魚類、兩棲、爬行、鳥類、哺乳等動物以及浮游、苔蘚、蕨類、裸子和被子等植物共3000種，細菌、黏菌、真菌、微藻等等微生物共1000種。

　　1991年，八名科學家正式進入「生態圈II號」。但是很快，「生態圈II號」中的氧氣含量就從最初的20.9%（和地球大氣濃度一致）降到14.5%。這八位科學家沒挪地方，卻相當於從上海搬家到了拉薩。為什麼會這樣？原來是因為在一開始為了讓「生態圈II號」與地表完全隔絕鋪設的水泥大量吸收了二氧化碳，使植物的光合作用受到影響。一個「因果鏈」沒算清楚，就導致了巨大的災難。

　　1994年，科學家們對「生態圈II號」做了大量的改進，重啟實驗，但很快再次失敗。

　　科學家們重新進行了計算，發現人們如果真想洞察複雜性難以想像的地球，需要花費至少三百京*美元，也就是三百億億*美元。要創造這筆財富，全人類需要不吃不喝，奮鬥3.7萬年。

　　地球系統以其給洞察力帶來的「複雜度災難」，教育人類不能狂妄自大。我們的知識、智慧有限，因而我們能試圖破解的系統是有複雜度上限的。我們可以努力洞察萬物，但不要認為自己能夠立刻透視宇宙。

＊京是10^{16}，即1萬兆。

機率性因果

「擲硬幣→得到正面」這條因果鏈成立嗎？有1/2的可能是成立的；「擲骰子→得到6」這條因果鏈成立嗎？有1/6的可能是成立的；「擲三個骰子→得到三個6」這條因果鏈成立嗎？有1/216的可能是成立的。

當一個「因」有1/2、1/6甚至只有1/216的可能性會帶來「果」，必然性因果就變成了「機率性因果」。它導致模型的輸出充滿不確定性。

舉個例子。我有一位在貴州的企業家朋友，他非常成功也非常睿智。在美團*還沒有成立的時候，他就做了今天被稱為「O2O」（Online To Offline，線上到線下）的生活服務網站。因為當時還沒有O2O的概念，他把自己建立的商業模型叫作「服務類的淘寶」。

有一天，他給我看了他的商業模型。我把他介紹給中國最知名的一位投資人。聊了很久後，這位投資人沒有投他。這位企業家朋友說：「總有一天，他們會看懂我做的事情。然後，用自己的財富傾家蕩產來做這個計畫。」

---

* 為中國知名購物平臺，提供商品和包含娛樂、餐飲、交通、旅行等服務。

果然過了幾年，O2O大火。我立刻想起他的這個計畫，由衷佩服他的眼光和洞察商業本質的能力，卻發現他的網站已經關閉了。

最早搭建的正確的商業模型，卻沒有走到最後。在睿智、財富和努力程度上，他都不輸給別人，但他輸給了「機率性因果」。

在「找投資人→拿到投資」這個因果鏈中，他不夠幸運，輸給了機率；在「正確模型→成功結果」這個因果鏈中，他開始得太早，輸給了機率；在「拚命奔跑→脫穎而出」這條因果鏈中，他沒跑出來，輸給了機率。

我這位朋友把全部身家壓在了骰子的三個6上。他沒賭中，只能黯然離場。他的背後，是賭中者的歡呼。

洞察了系統本質，搭建了正確的模型，不代表你一定能成功，因為你要戰勝的還有機率。

認知力極限

200多年前，亞當‧史密斯提出了著名的「看不見的手」這個模型。他說：「每個人追求自己的私利，公眾將

得到最大的福利。」這個模型，可以說奠定了整個經濟學
的基礎。

後來，約翰・納許（John Nash）提出了著名的「非合
作賽局」（Non-cooperative game）。他發現，當兩個囚徒
在特殊條件下對立時，追求自己的私利，不但沒有得到最
大的共同福利，反而會加大個體損失。雖然亞當・史密斯
的基本假設被推翻了，但是經濟學向前邁了一大步。

我們站在了巨人的肩膀上，但巨人相對於宇宙來說，依
然很渺小。每個模型被繪製出來，就開始等待被打破。我
們選擇用一個模型解釋過去、預測未來，不是因為它「永
恆正確」，而是因為它「當下有用」。

我們都受自己認知能力的限制，每個人據自己對系統的
理解而畫出的模型，可能都不一樣。他未必是錯的，你未
必是對的。你們的理解都是對真相的逼近，但也許都不代
表真相。

所以，我建議你，也提醒我自己，以後在和別人討論問
題的時候，不要說「你是錯的」，而要說「你的模型和我
的不太一樣」；不要說「我是對的」，而要說「我的觀察
角度是這樣的」。這樣，在解鎖商業地圖的道路上，我們

才是謙卑的洞察者。

雖然我們今天無法洞察萬物，但我們走在洞察萬物的路上。

好想法 36

商業洞察力

9 大基模 ×3 大思維 ×3 套實踐方法，透視商業本質，擁有開掛人生！

作　　者：劉潤
責任編輯：簡又婷
校　　對：簡又婷、林佳慧
封面設計：張巖
內頁設計：廖健豪
寶鼎行銷顧問：劉邦寧

發 行 人：洪祺祥
副總經理：洪偉傑
副總編輯：王彥萍
法律顧問：建大法律事務所
財務顧問：高威會計師事務所
出　　版：日月文化出版股份有限公司
製　　作：寶鼎出版
地　　址：台北市信義路三段 151 號 8 樓
電　　話：(02) 2708-5509　傳真：(02) 2708-6157
客服信箱：service@heliopolis.com.tw
網　　址：www.heliopolis.com.tw
郵撥帳號：19716071 日月文化出版股份有限公司

總 經 銷：聯合發行股份有限公司
電　　話：(02) 2917-8022　傳真：(02) 2915-7212
印　　刷：禾耕彩色印刷有限公司
初　　版：2021 年 10 月
初版 6 刷：2024 年 6 月
定　　價：350 元
I S B N：978-986-0795-50-9
文化部部版臺陸字第 110287 號

© 劉潤 2020
本書中文繁體版由北京木昜文化傳媒有限公司通過中信出版集團股份有限公司授權
日月文化出版股份有限公司在全世界除中國大陸地區獨家出版發行。
ALL RIGHTS RESERVED.

國家圖書館出版品預行編目資料

商業洞察力：9 大基模 ×3 大思維 ×3 套實踐方法，透視商業本
質，擁有開掛人生！/ 劉潤著 .-- 初版 .-- 臺北市：日月文化出
版股份有限公司, 2021.10
288 面；17×23 公分 . --（好想法；36）
ISBN 978-986-0795-50-9（平裝）

1. 商業管理 2. 企業經營 3. 職場成功法

110013708

日月文化集團
HELIOPOLIS
CULTURE GROUP

客服專線 02-2708-5509
客服傳真 02-2708-6157
客服信箱 service@heliopolis.com.tw

日月文化集團 讀者服務部 收

10658 台北市信義路三段151號8樓

對折黏貼後，即可直接郵寄

日月文化網址：**www.heliopolis.com.tw**

最新消息、活動，請參考 FB 粉絲團

大量訂購，另有折扣優惠，請洽客服中心（詳見本頁上方所示連絡方式）。

大好書屋

寶鼎出版

山岳文化

EZ TALK

EZ Japan

EZ Korea

大好書屋・寶鼎出版・山岳文化・洪圖出版　EZ叢書館　EZ Korea　EZ TALK　EZ Japan

日月文化集團
HELIOPOLIS
CULTURE GROUP

感謝您購買 **商業洞察力** 9大基模×3大思維×3套實踐方法，透視商業本質，擁有開掛人生！

為提供完整服務與快速資訊，請詳細填寫以下資料，傳真至02-2708-6157或免貼郵票寄回，我們將不定期提供您最新資訊及最新優惠。

1. 姓名：_____　性別：□男　　□女

2. 生日：_____年_____月_____日　職業：_____

3. 電話：（請務必填寫一種聯絡方式）

　　（日）_____（夜）_____（手機）_____

4. 地址：□□□ _____

5. 電子信箱：_____

6. 您從何處購買此書？□_____縣/市_____書店/量販超商

　　□_____網路書店　□書展　　□郵購　　□其他

7. 您何時購買此書？　　年　　月　　日

8. 您購買此書的原因：（可複選）

　　□對書的主題有興趣　　□作者　　□出版社　　□工作所需　　□生活所需

　　□資訊豐富　　　　□價格合理（若不合理，您覺得合理價格應為 _____）

　　□封面/版面編排　　□其他

9. 您從何處得知這本書的消息：　□書店　□網路／電子報　□量販超商　□報紙

　　□雜誌　□廣播　□電視　□他人推薦　□其他

10. 您對本書的評價：（1.非常滿意 2.滿意 3.普通 4.不滿意 5.非常不滿意）

　　書名 _____　內容 _____　封面設計 _____　版面編排 _____　文/譯筆 _____

11. 您通常以何種方式購書？□書店　　□網路　□傳真訂購　□郵政劃撥　□其他

12. 您最喜歡在何處買書？

　　□_____縣/市_____書店/量販超商　　□網路書店

13. 您希望我們未來出版何種主題的書？_____

14. 您認為本書還須改進的地方？提供我們的建議？

　　_____

　　_____

　　_____

好想法 相信知識的力量
the power of knowledge

寶鼎出版